航天装备一体化试验鉴定

李长青　编著

王曼曼　朱诗兵　代健美　参编

电子科技大学出版社

University of Electronic Science and Technology of China Press

· 成都 ·

图书在版编目（CIP）数据

航天装备一体化试验鉴定／李长青编著. —成都：
电子科技大学出版社，2023.4

ISBN 978-7-5770-0182-1

Ⅰ. ①航… Ⅱ. ①李… Ⅲ. ①航天器–鉴定试验

Ⅳ. ①V47

中国国家版本馆 CIP 数据核字（2023）第 069755 号

航天装备一体化试验鉴定

HANGTIAN ZHUANGBEI YITIHUA SHIYAN JIANDING

李长青　编著

策划编辑　陈松明　熊晶晶
责任编辑　熊晶晶

出版发行　电子科技大学出版社
　　　　　成都市一环路东一段 159 号电子信息产业大厦九楼　邮编 610051
主　　页　www.uestcp.com.cn
服务电话　028-83203399
邮购电话　028-83201495

印　　刷　天津市蓟县宏图印务有限公司
成品尺寸　185mm×260mm
印　　张　13.75
字　　数　280 千字
版　　次　2024 年 1 月第 1 版
印　　次　2024 年 1 月第 1 次印刷
书　　号　ISBN 978-7-5770-0182-1
定　　价　58.00 元

前　言

航天装备能够遂行航天遥感、预警、通信、导航定位、环境探测、地球测量等任务,具有高技术、高价值、同型号数量少、应用环境独特等特点。航天装备试验鉴定是贯穿航天装备全寿命周期,借助规范化的组织管理和试验评估活动,对航天装备技术性能和使用效能,进行客观、全面而科学的考核并独立做出评价结论的综合活动,是检验航天装备综合能力的重要手段和方法,是航天装备建设决策的重要支撑,是航天装备采购管理的重要环节,是检验考核航天装备能否满足使用要求的检验行为。

航天装备的试验鉴定容易存在研制周期偏长、试验数据融合不充分、研制试验和作战试验分离化、作战试验导向作用不够、试验效率不高等问题。针对这些问题,美国空军阿诺德工程与发展中心提出了一体化试验鉴定的新方法,旨在加速武器装备研制周期,降低研制风险和费用,提高装备试验效率和效益。因此,对航天装备一体化试验鉴定模式和航天装备一体化试验评估方法研究,建立航天装备特色的一体化试验鉴定框架,构建一体化试验评估方法体系,为全面综合评价航天装备提供方法指导和技术参考,对于促进航天装备发展更加科学高效具有极其重要的意义。

本书围绕航天装备一体化试验鉴定的概念内涵、组织管理模式、工作机制流程、评估方法等科学问题开展分析论述。全书共6章,第1章讨论了航天装备、航天装备试验鉴定、航天装备一体化试验鉴定等的概念及内涵;第2章在分析介绍美国航天装备试验鉴定组织的实施体系、管理内容、管理机制的基础上,提出了航天装备一体化试验鉴定组织的管理构想;第3章首先介绍了航天装备试验鉴定的工作内容,在对美国航天装备一体化试验鉴定的流程进行详细分析的基础上,设计了航天装备一体化试验鉴定流程;第4章介绍了航天装备一体化试验鉴定的评估机制,基于作战使命分解、作战任务分解和流程分解的方法,构建了航天装备一体化试验鉴定的评估指标体系,基于效能分析评估方法建立了航天装备综合能力评估模型;第5章以某型天基信息支援装备一体化试验鉴定的评估为例,对其进行了一体化试验鉴定的综合能力评定;第6章对航天装备一体化试验鉴定的发展趋势进行了展望。

本书的编写参考了国内外大量的文献,在此对这些文献的作者表示感谢! 由于作者水平有限,书中难免存在疏漏和错误,恳请读者批评指正。

李长青

2023 年 2 月

目　录

第1章 概 述

钱学森首创了"航天"一词,他把人类在大气层之外的飞行活动称为"航天"(Space-flight)。航天是指进入、探索、开发和利用太空(即地球大气层以外的宇宙空间,又称外层空间)以及地球以外天体各种活动的总称。航天活动的目的是探索、开发和利用太空与天体,为人类服务。

1.1 航天装备的定义、分类和特点

1.1.1 航天装备的定义

航天装备是用于实施和保障航天活动的系统、设备、设施与器材的统称,主要包括航天系统和航天工程支持与保障系统。

(1)航天系统

航天系统是指遂行航天遥感、预警、通信、导航定位、环境探测、地球测量等任务的系统,主要包括航天器及其运行控制系统和应用系统等。航天系统是航天装备的主体,一般能长期稳定工作或在轨运行。

航天器是航天系统的核心,包括卫星、载人飞船、航天飞机和未来的空天飞机、空间站和其他天基空间平台等。航天器由不同功能的若干分系统组成,一般包括有效载荷分系统、结构与机构分系统、热控制系统、姿态与轨道控制分系统、电源分系统、推进分系统、数据传输分系统、数据管理分系统等。返回式航天器还配有返回着陆系统,载人航天器还设有环境控制与生命保障系统、应急救生系统等。

航天器运行控制系统是对在轨航天器及其应用系统的运行实施管理和控制的系统,根据应用需求,制订航天器和应用系统资源调度和任务规划方案、运行控制方案,生成控制指令,并具体执行对航天器及其应用系统的运行控制,包括任务管理控制系统、测控站以及数据接收站等。

航天器应用系统是利用航天器完成特定任务的系统和用户终端的统称,是航天器与其具体用户之间的任务需求接口和应用服务接口。

(2)航天工程支持与保障系统

航天工程支持与保障系统是指航天系统建设和运行提供支持与保障的系统,包括航天运输系统、航天器发射场与回收着陆场、航天测控系统等。

航天运输系统是往返于地球表面和空间轨道之间,或在轨道与轨道之间运输各种有效载荷的运输工具的统称,分为运载器和运输器。航天飞机兼有运载器和运输器的功能。

航天器发射场与回收着陆场是发射和回收航天器的特定场所。

①航天器发射场内有完整配套的设备设施,用以装配、贮存、检测和发射航天器,测量飞行轨道和发送控制指令,接收和处理遥测信息。发射地球静止轨道卫星的发射场,多建于低纬度地区,以尽可能利用地球自转的线速度和降低地球同步转移轨道的倾角。

②回收着陆场是返回式卫星、载人飞船和航天飞机等航天器返回地面着陆的专用场区。场内有跟踪、测控、起吊、救生等专用设备。航天飞机返回着陆的场区还有一个大型的专门飞机场和辅助设施。

航天测控系统是对航天器及运载器的飞行轨迹、姿态和各分系统工作状态进行跟踪测量、监视与控制的系统(载人航天任务中还包括有天地话音、电视图像传输等功能),用于保障航天器和运载器按照预定的状态飞行和工作,以完成规定的航天任务。航天测控系统由任务指挥控制中心、测控站(船)和通信网组成,主要包括跟踪测轨、遥测、遥控、天地通信、数据处理、监控和显示、地—地通信和时间统一等主要分系统。

1.1.2　航天装备的分类

航天装备可以按不同方法分类。美军根据部署使用时所处的空间与作用,把航天装备分为天基系统、地基系统、发射运载系统和运用终端;根据实施和支持的任务类型,把航天装备分为空间支持装备、力量增强装备、空间控制装备

图1-1中,空间支持装备完成空间运输(发射和展开卫星)、卫星行动(机动、配置、运转和维护等)、卫星交会接近、补充失效卫星等任务,主要包括C2有效载荷、地面保障系统、运载器、发射扶持系统等。力量增强装备完成情报侦察监视、导弹预警、环境监测、卫星通信、天基定位、导航和授时等任务,增强联合任务部队的作战能力,主要包括以卫星为代表的各类航天器。空间控制装备通过监视太空和陆海空作战区域,增强己方空间优势,进而影响空间活动,保护己方利用空间能力,阻止甚至消除敌方应用空间服务的能力,主要包括空间目标监视系统、导弹防御系统等。力量应用完成从空间或经

过空间操作武器系统对陆、海、空目标实施攻击的任务,主要包括洲际弹道导弹武器系统和反卫星武器系统。和力量运用装备四种类型,如图1-1所示。

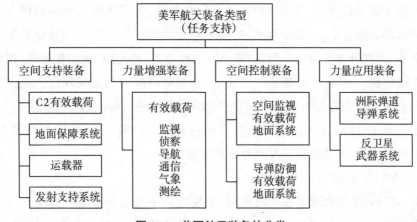

图1-1　美军航天装备的分类

1.1.3　航天装备的特点

航天装备是高新技术产品,研制生产航天装备需要广泛应用新理论、新方法、新工艺、新材料、新产品等高新技术元素,解决许多基础科学和工程技术难题,并且基于系统整体任务目标,对这些高新技术元素进行综合优化和集成创新,探索性和先进性很强。航天装备主要发射和部署在大气层外,处于"高边疆",在任务要求、运行模式和运行环境等方面都有特殊要求,直接影响航天装备的研制和应用。

(1)战略意义大

卫星具有高远的位置优势,覆盖范围广,实施侦察、通信、导航等战略性活动不受国家疆域、领海、领空的限制,能够长期工作,组网运行可形成全球性信息支援能力,对夺取信息优势起着战略支撑作用。因此,航天装备对确保国家安全具有重大的战略作用。

(2)时空分布广

卫星部署运行于太空,而卫星的发射支持系统、运行控制系统、运用系统则部署于地球表面,相互之间距离可能很远,因此,航天装备的部署和运用具有天地一体化和高度分散性的特点。太空无遮无挡、无风无浪,没有国界、领海、领空限制,卫星运行不受气候和地形的影响,居高临下,具有全球覆盖、视野广阔和无国界的独特优势。通过设计卫星运行轨道和多卫星组网,航天装备能够快速甚至不间断地进行全球覆盖服务,因此,航天装备具有时间、空间上的广域特性。

(3)研发风险高

航天装备的研发综合运用了航天技术、信息技术、新材料和新能源技术等高新技术成果,高科技含量和技术集成度高,结构复杂,各组成部分之间存在高度的交互关联关系,任何局部细微的问题或异常,都可能导致整个系统功能衰减甚至失效,进而造成严重影响。航天装备自动化、智能化程度高,研制、运输(发射入轨)、试验费用十分昂贵。由于大量采用高新技术,不确定因素多、技术难度大、涉及领域广、试验设备昂贵、生产工艺复杂等,大部分航天装备采用"边研、边试、边装备、边使用"的研发策略,探索性强,技术状态变化快。并且,天基装备一旦入轨,很难短时间内纠正发现包括使用需求、性能指标和业务质量等方面的"缺陷"问题,即使能纠正,需要付出的代价也很高。正因为苛刻的工作要求、独特的自主运行模式、高度的内部关联耦合,以及巨大的资金投入和广泛的工程协作,航天装备的研发具有高风险特性。

(4)防护难度大

卫星、运载器发射和部署在大气层外,需要在近乎无维护支持的情况下,以自主运行模式完成各项任务。大气层外的空间环境极其严酷,特有的高真空、强辐射、空间碎片等因素,对航天装备的正常工作带来了极大的威胁,防护起来非常困难,且代价很高。卫星一般绕固定轨道运行,易于被敌方探测和跟踪,敌方可以准确地掌握其活动规律,因而隐蔽性较差。即使发现了敌方在探测、跟踪或伴飞干扰,通过轨道机动摆脱或改变卫星姿态,也需要消耗燃料和时间,缩短卫星的使用寿命。此外,大多数卫星抗御空间攻击的能力很弱,一旦遭受攻击,极易受损且难于修复和持续保持任务的能力。

(5)经济效益高

航天装备的时空广域特性等使其在民用领域也有重要的应用价值,能为国民经济建设和民生服务,加之成本高昂、技术高新,因此,世界各航天大国发展航天装备时,大都使其兼具军事和民用双重,在遂行军事任务的同时,服务于国民经济和其他商业用途,提高航天装备研制和使用保障的投入效益,如卫星导航定位系统、气象卫星系统、卫星对地监视探测系统等。

1.2 航天装备试验鉴定

1.2.1 航天装备试验鉴定的概述

根据美国国防部 2015 年发布的指令 DODI 5000. 02《国防采办系统的运行》,试验鉴定(Test and Evaluation,T&E)是装备采办系统工程过程的重要组成部分。试验鉴定是针对系统及其组成部分获取基于风险(风险降低)的信息和经验数据,以确认其达到要求和预定用途的过程,是对系统设计实现性、性能指标适当性、要求满足性和系统成熟性进行评估,以判定系统在作战使用中是否有效和适用的过程。其中,"试验(Test)"是指为开展鉴定和评估获取数据的过程,"鉴定(Evaluation)"是指对定性或定量数据分析和评审的过程。试验鉴定的主导权在于军方,是军方为了降低技术风险和采办费用、缩短采办周期、快速形成战斗力、提升作战效能和适用性的重要途径。试验鉴定的主要目的是通过全面考核系统功能性指标及作战能力,协助采办系统降低项目采办风险,同时为系统采办里程碑决策和其他关键决策提供支撑。

1.2.2 航天装备试验鉴定的地位作用

航天装备试验鉴定贯穿于航天装备全寿命周期,是航天装备建设决策的重要支撑,是航天装备采购管理的重要环节,更是发现航天装备问题缺陷、改进提升航天装备性能、确保航天装备实战适用性和有效性的重要手段与方法。航天装备试验鉴定是航天装备建设发展链条上的重要一环。

（1）航天装备建设发展决策的重要支撑

航天装备全寿命周期大体划分为立项论证、方案论证、工程研制、鉴定定型、生产部署和使用保障等阶段,每个阶段都有各自的工作目标,只有达到了工作目标才能由上一阶段转向下一阶段,相关决策部门才能做出科学决策,这是为保证装备质量而设置的一道道"关口"。为了掌握航天装备的技术状态,尽早发现各类装备问题,管控研制风险和使用风险,装备管理机关在装备全寿命过程中设置了许多审批、审查和决策点。

航天装备大都是面向具体的航天任务研发的,科研性强,技术状态变化快,之前没有鉴定定型的要求,没有统一完整的全寿命周期采办模型,各类航天装备全寿命周期阶段划分不尽相同。以卫星为例,大体划分为立项论证、方案论证、初样研制、正样研制、发射与在轨运行五个阶段,为了保证卫星产品的质量,逐步稳定卫星产品的技术状态,中间经历立项审批、初样设计评审、建造决策、出厂并进入发射场决策、发射决策、状态鉴定审查与决策、初步交付决策、列装交付审查与决策等多个评审点和决策点,需要开展严格、充分和全面的地面试验测试,以获取卫星产品足够的性能参数,并进行客观可信的评估鉴定,得到的结果和结论是装备机关审查、审批的依据,是各级领导决策的主要支撑,这是科学决策、确保航天任务成功的需要。

（2）航天装备研制和使用风险管控的重要手段

将试验鉴定工作纳入航天装备建设全过程,作为检验航天装备性能效能的有效手段,可进一步规范航天产品质量保证体系,固化和控制产品技术状态,优化装备型谱,提升工艺质量,解决航天装备建设过程中"需求不明确、装备型谱不完善、技术状态不固化、工艺流程不稳定、试验不严格、在役考核不全面"等问题,确保航天装备"能用""管用""好用""耐用"。

航天装备大多采用高新技术、先进材料和工艺,技术和产品成熟度渐进增长,成本昂贵,研制风险高,一旦失败或达不到规定要求,往往会造成巨大经济损失或重大政治影响。通过科学设计试验鉴定方案,严格、周密和充分实施地面试验,可及早发现问题,把故障缺陷解决在地面,解决在装备研制过程,严格把住航天装备技术状态、有效控制研制风险。同时,试验鉴定系统还可通过早期介入和全程管控,进一步优化装备研制方案、早期检验和考核装备作战效能,为部队尽早介入和熟悉装备创造条件,尽可能地消除航天装备的使用风险,尽可能缩短航天装备战斗力生成周期。

1.2.3 航天装备试验鉴定的原则要求

通常,航天装备试验都在一定的试验件、经费、时间、设备设施等资源限制下和特殊的环境试验条件下进行,同时又要对全面考核航天装备,获得足够的鉴定评估数据和资料,给出令各相关利益方都能信服的结论,这两者有时存在一定的冲突和矛盾,难以同时达成。因此,必须遵循以下原则。

(1)实用性原则

实用性原则是指把被试航天装备放到逼近实际使用的环境条件下,按照实际使用要求和使用流程考核评价。鉴于试验中装备、设备和人员安全,或者限于试验经费成本,或者限于技术能力水平,试验环境条件与实用使用环境相比在环境因素种类、环境因素之间的影响关系、环境因素的强度等方面存在差异,复杂程度、恶劣程度通常不及实际使用环境,这样航天装备的试验结果与实际使用结果必定存在偏差。因此,着眼考核评价航天装备的使用价值,必须强调实用性,按照航天装备的实际使用保障,设置试验环境条件,尽量逼近实际使用环境,以尽量缩小试验结果与实际使用结果的偏差。航天装备试验鉴定要坚持以实用需求为牵引,树立实用背景,科学设置、积极引入实用条件下的环境要素,系统构建贴近实用的试验理论方法。

(2)客观性原则

客观性原则是指航天装备试验鉴定系统对被试航天装备提出的评价结论必须是客观公正、不偏不颇的。要"以问题为导向,用数据说话",严格依据各类航天装备试验获取的、准确可信的有关数据资料,采用可信的评估方法和模型,对数据资料进行严密的融合分析和统计推断,明确给出被试航天装备的性能底数、故障缺陷,以及是否符合研制总要求、满足使用需求等结论和改进、完善、使用航天装备的建议。这样的结论和建议才能令航天装备研制方、使用方和采购管理方等各相关利益方信服、接受,才不会出现争执和纠纷,从而营造和谐氛围,形成合力,共同推进航天装备的建设发展,也才能树立航天装备试验鉴定系统的高度权威,得到各利益方的认可,更好地履行航天装备建设的监督权。这就要求航天装备试验鉴定系统创新试验鉴定理论方法,研发试验技术手段,在各类试验中,尽可能充分、精确、可靠地获取有关被试航天装备的数据资料支持评估鉴定,但是,绝不能为了评估鉴定,捏造、伪造数据资料。

(3)充分性原则

试验充分性是指试验鉴定要覆盖被试航天装备全部技术性能、效能和适用性指标,覆盖被试航天装备的主要应用方式,覆盖任务(或应用)的完整剖面和执行任务时所有可能遇到的环境条件。充分性原则的本质是通过一定的试验鉴定后,把航天装备的研制风险和使用风险控制在中等偏下程度,包括试验充分性和鉴定数据充足性。为了充分暴露被试航天装备存在的各种缺陷、故障和不足,揭示航天装备使用的边界、极限,摸清航天装备的性能、效能底数,为航天装备采购决策、改进完善和作战使用提供支持,航天装备试验鉴定项目数量、试验量级等必须依据充分性原则提出。只有对航天装备实施足够的试验项目和试验量级,才可能把航天装备的故障激发出来,达成严格考核的目的。

(4)经济性原则

经济性原则是指航天装备试验鉴定尽量用最少的代价和损耗,达成充分考核、可信评价航天装备的目的。星、箭、航天测控、态势感知等航天装备精密昂贵,采购数量少,试样件也很少,大都是小子样,甚至是单子样,且科研性很强,一般采取的是"边研边试边形成能力"的策略。例如,卫星在初样研制时,有热控星、结构星、电性星等少量试验件;在正样研制时,可能只有一件或两件,完成验收试验、发射场地面测试后,直接用于实际飞行和交付使用。试样件少且有些航天装备是一次性使用,这就意味着相比常规武器装备试验,同样条件下的试验次数少,实际使用试验时间短,采集的数据资料少,这是航天装备试验鉴定的一个重要特征。为了增加鉴定数据样本量,盲目提高航天装备的试验量级和试验持续时间,也不可取,因为试验量级过大,可能会对被试航天装备带来损伤和故障。另外,卫星在轨运行寿命有限,平均寿命成本高,在轨运行期间专门开展试验鉴定显然也不合算。由此看来,经济性原则其实与充分性原则相矛盾,对航天装备试验鉴定尤为如此。这就要求做好权衡折中,做好被试航天装备的试验鉴定总体设计。一是综合航天装备的质量要求、计划进度、试验经费和技术风险来选择合理的试验项目、试验余量、试验要求、试验顺序等,既要避免进行多余无效的试验,又不要漏掉能够检测出装备设计缺陷和质量缺陷的必要试验;二是结合航天装备实战使用和演练训练,利用使用时的实际环境或演练训练时的模拟环境,从装备视角,采集所关注的航天装备使用、保障和管理等有关方面效果的数据,支持航天装备的考核鉴定;三是利用小子样试验理论,基于数据采信策略,综合分析航天装备各阶段各类试验的结果数据,包括仿真试验结果数据,对航天装备进行评估鉴定。

1.3 航天装备一体化试验鉴定

1.3.1 航天装备一体化试验鉴定的概述

试验,通常是指为获取、核实和提供数据而采取的任何步骤或行动,目的是对研究与发展(实验室中的实验除外)的水平,对实现研制目标的进展,或对武器系统、分系统、部件和系统项目的性能与作战能力进行评定。

鉴定或评估,是指通过试验,按照既定的要求和规范,对武器系统或各个部件进行分析比较的过程,其结果是要对设计进展、性能和可保障性等做出评价。

试验鉴定或试验评估,是指收集有关武器数据、评定战术技术性能、作战能力或效能,以及为采办管理部门提供决策依据的综合过程。从广义上讲,试验鉴定或试验评估包括武器系统或分系统的研究、开发、生产和使用期间的所有物理试验、建模、仿真、作战试验和相关的分析。

尽管"试验"和"鉴定"或者"试验"和"评估"这两个词经常组合在一起使用,但它们在武器研制过程中的功能却显然不同。"试验"是指对武器系统的硬件或软件(包括模型、样机、生产设备和计算机程序等)进行实际测试,以便获取有价值的数据。而"鉴定"或"评估"过程则是对所获得的数据进行合理汇编和分析,以便为决策工作提供依据。人们之所以在习惯上把它们组合在一起使用,是因为这两个步骤或过程密切相关,都是为了同一目的,即确保研制和生产出符合作战要求的武器系统。试验鉴定或试验评估在某种程度上可以通用,但是其本质上还是有区别的,一般认为试验评估是试验鉴定的一种使用方式。

美军在20世纪90年代提出并大力推进一体化试验鉴定,有效提高了装备试验鉴定能力,降低了试验消耗,取得了良好的试验效益。"一体化试验",也被称为"综合试验",是美国试验与评价术语"Integrated Testing"的不同译法,本书使用"一体化试验"这一译法。一体化试验研究一直是试验鉴定研究中的重要内容之一,其核心是解决装备全寿命周期不同阶段、不同试验性质之间缺乏统筹、试验资源和信息不能充分利用的问题。

一体化试验作为试验鉴定的发展方向已经得到了较广泛的认可。一体化试验鉴定（也称为评估）（Integrated Test and Evaluation，IT&E）的基本思想是从整个系统的角度出发，实现对各类试验资源的最优配置，提高试验效率，缩短武器装备的研制周期。

美国国防部在 2008 年 12 月发布的 5000.2 中再次给出了一体化试验鉴定的定义：一体化试验鉴定是指项目主任应协同用户及试验鉴定部门，对研制试验与鉴定、作战试验与鉴定、实弹试验与鉴定、系统互操作性试验、信息保证试验以及建模与仿真工作进行协调，以形成一个有效的连续统一体，避免进行单一试验和重复性试验，充分利用试验资源，缩短研制时间，并将试验鉴定工作紧密地与需求制定、系统设计和研制相结合。

美国的一体化试验核心是试验数据融合，其目的是为支持有关各方独立分析、鉴定和报告提供共享数据，方法是将试验各阶段、各事件计划和执行相协调。美国《国防采办指南》强调，一体化试验是试验设计的概念而不是新的试验类型，其含义包括：

①实施无缝的试验计划；

②产生可信的定性和定量数据用于所有的鉴定者以及研制、维护和使用方面；

③包括所有类型的试验活动；

④必须提供共享数据以支持有关各方独立分析。

美国将一体化试验的核心概括为在武器装备采办的各个阶段中"一次试验，多方使用"（Test by one，use by all），其强调的是数据的共享以及为保障信息共享而实施的相关管理活动（包括计划和执行），并未涉及不同试验阶段数据是否融合的问题。各阶段数据融合使用是一体化试验中非常重要的方面，但在美国国防部试验鉴定法规和相关指南中，并没有将各阶段数据融合使用作为重点。

综合考察美国试验鉴定体制，可以发现美国的一体化在比较高的层次上运行，主要体现在：

①研制试验与作战试验基本实现了使用与保障阶段之前各阶段的数据共享；

②基本实现了研制试验、作战试验甚至研制方试验的一体化。

目前对于"一体化试验鉴定"的理解主要还包括以下几种：

①由利益相关方共同实施，包括装备研制方和使用方，共同规划出各阶段的试验项目，共享试验过程中的信息，双方独立分析评估试验结果；

②科研和定型试验阶段一体化，虚拟和现实试验要素一体化，内场和外场试验空间一体化，包括了联合作战背景、多试验区域联合、试验力量及试验实体的联合等；

③将研制单位的科研试验、靶场的定型试验、使用部队负责的试验以及基地化演练有机结合起来的试验方式；

④一体化试验与评估包含三个层次上的一体化，分别为试验方法的一体化、分系统

试验的一体化以及装备全寿命周期的一体化。

同时,一体化试验鉴定(IT&E)有别于"一体化联合试验"概念。所谓"一体化联合试验",是以一体化联合作战为背景,涉及多军兵种多领域的成建制、成体系装备试验鉴定活动,主要目的是检验装备体系作战效能与作战适用性,发现装备体系短板弱项,强化装备体系实战运用,推动装备体系建设。开展一体化联合试验的装备体系可由多军兵种多领域的未定型装备、已列装装备等组成。可以看出,"一体化联合试验"是一体化试验鉴定的一种实现形式。

综上所述,一体化试验是指所有试验鉴定或试验评估相关机构(尤其是性能试验和作战试验鉴定机构,包括装备承制单位和承试单位)共同合作,为独立的分析、评估、鉴定提供共享数据而采取的一系列步骤或行动,目的是对各试验阶段和试验活动进行统筹规划和实施,尽可能将性能试验和作战试验阶段的试验合并,避免重复试验。

一体化试验鉴定是指通过一体化试验录取各试验阶段共享的数据,以期实现武器系统、分系统、部件和系统项目的性能、作战能力、作战效能、作战适用性或体系贡献率的判断或评定活动。

对一体化试验鉴定的理解,应该从体系的视角出发。航天装备一体化试验鉴定的多维度概念模型如图1-2所示。

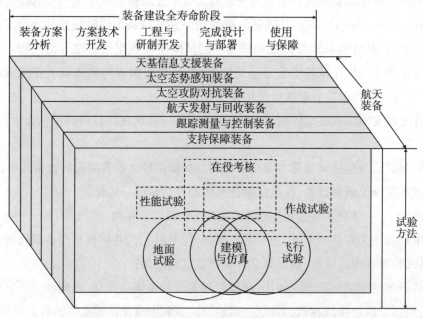

图1-2　航天装备一体化试验鉴定的多维度概念模型

图1-2中立方体的体积反映出航天装备建设全寿命周期所需要的全部资源,时间资源(装备建设全寿命周期)×装备系统资源(目前航天专用装备共分为六大类,即天基

信息支援装备、太空态势感知装备、太空攻防对抗装备、航天发射与回收装备、跟踪测量与控制装备和支持保障装备)×方法手段资源，一体化试验鉴定的目标就是将该立方体的体积减到最小，即最大程度地减少试验中所需的资源、减少装备开发过程中的意外情况及减少采办研制时间。

1.3.2　航天装备一体化试验鉴定的特点分析

在航天装备一体化试验鉴定的多维度概念模型中，一体化试验评估特点主要表现在三个方面。

一是航天装备建设全寿命周期各个阶段试验的一体化。尽可能将性能试验鉴定阶段与作战试验鉴定阶段的试验合并，避免重复试验。航天装备一体化试验鉴定资源管理办公室和一体化试验小组等机构，负责性能试验和作战试验的管理和协调工作，在试验总案中折中考虑性能试验与作战试验的不同要求，争取通过一次试验收集到足以满足性能试验与作战试验所需的数据，尽可能减少试验中所需的各种设备资源和样本量，缩短试验周期、节约试验经费。

二是航天装备各分系统的一体化。复杂的航天装备都是由若干个子系统组成的，如系统机身平台、推进系统、电子系统等。传统上，由于支持每一个子系统的技术团体是各自独立的，新系统开发的最初过程中，子系统各自有独立的学科、工序、实践惯例，它们在各自"平行线"上开发，极少有重叠发生，直到研制过程末期才进行集成。这时可能发生各种意想不到的问题。若通过采用一体化试验鉴定思想，将整个系统尽早综合评估，可有效缩短研制周期，并使首次系统正式集成试验，如运载火箭首次综合测试中可能发生的综合问题最小化。例如，对于运载火箭系统，可通过建模与仿真方法构建虚拟运载火箭系统或仿真试验系统，在地面对各个关键功能系统进行综合试验，特别是解决各个子系统间与设备间的接口可靠性问题，以保证整个运载火箭系统的高可靠性。

三是试验方法手段的一体化。航天装备试验鉴定的基本方法主要包括建模与仿真、地面试验以及飞行试验。例如，对于运载火箭系统，运载火箭几何建模、气流场数值仿真及飞行仿真、地面试验和飞行试验为分析地面模型的预测与假设是否真实可靠提供了一种真实的试验环境，以便据此做出改进。三种手段结合，如图 1-3 所示，可以最低的资源消耗和最短的研制周期提供尽可能多的有用数据。

1.3.3　航天装备一体化试验鉴定的发展历程

以美国为例，在一般武器装备采办体系的约束下，美国空军一直在探索建立适用于航天装备的试验鉴定方法。美军航天装备试验鉴定发展历程可划分为以下 3 个阶段，即初步建立阶段(20 世纪 90 年代)、优化改进阶段(2000—2008 年)和推进实施阶段(2009 年至今)。

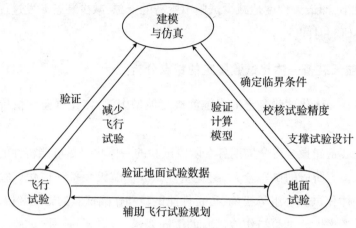

图 1-3　一体化试验三种研究手段的一体化

（1）试验鉴定体系初步建立阶段

20 世纪 90 年代初期，美国空军在一般武器装备试验鉴定方法的基础上，由空军总部试验鉴定局先后发布了 AFPD 99-1、AFI 99-103、AFMAN 99-113 等一系列政策和指令，建立了航天装备的试验鉴定法规，建立了主要由空军总部、航天司令部、作战试验鉴定中心、相关的发射场和试验基地等多方参与的组织管理系统，并通过试验资源整合和航天装备试验相关标准的继承，初步建立了航天装备试验鉴定方法，具备了一定的航天装备试验鉴定能力。

此时的美军航天装备试验鉴定采用研制试验鉴定和作战试验鉴定独立开展的策略，并重点强调航天装备发射前的地面研制试验鉴定，为采办决策提供数据支撑。20 世纪 90 年代中后期，美国装备采办系统处于重大改革期，航天装备采办面临经费大幅缩减、采办周期大幅缩短的严峻形势。美国空军主要采取了增加项目承包商试验责任的对策。航天装备研制试验一般由承包商独立完成，而军方项目办严重缺乏对航天装备战技术指标、作战能力的考核能力，逐渐失去了对航天装备研制生产的主导控制，出现了大量的装备研制质量下降和作战能力欠缺等问题。

（2）试验鉴定体系优化改进阶段

进入 21 世纪，为了控制航天装备采办项目的风险、提升研制质量和作战能力，同时又能最大限度地节约成本，美国空军优化了航天装备试验鉴定组织管理系统，针对重大专项持续开展了试验资源专项建设，更新了试验鉴定政策和指令，在实践中对航天装备试验鉴定方法进行优化。优化改进初期的标志性成果体现为，针对具体项目的一体化试验组(Integrated Test Team,ITT)、研制与作战一体化试验的出现。优化后的航天装备试验鉴定,强化了军方用户和项目办对航天装备试验鉴定的掌控力度。

但是,在航天装备试验鉴定过程中依然存在诸多问题,主要体现在作战试验鉴定未能发挥出应有的价值。航天装备作战试验鉴定一直以来是在系统发射后才开展的,其暴露出的缺陷在航天装备在轨运行中往往难以修正,同时"作战"试验数据和评估结果对采办程序的关键决策支撑力度弱,从而很难达到降低采办风险的目的。

由此,美国空军作战试验鉴定中心基于当时的航天装备采办程序和试验鉴定程序,于 2004 年后开始开发新的作战试验鉴定模式,称为"空间试验提案(Space Test Initiative,STI)"。STI 的 3 个关键原则如下:

① 研制与作战一体化试验在采办过程中尽早开展,且贯穿装备全寿命周期;

② 针对试验鉴定数据与结果的快速分析与报告,降低时间成本;

③ 由关注本系统的试验转变为关注大系统环境下的系统试验或结合大系统试验开展试验,提高作战试验鉴定结果对关键决策的价值。

STI 在很大程度上解决了上述作战试验鉴定对采办决策支撑力度弱的问题,同时又极大地减少了试样数量而节约了各项成本。2008 年 6 月,空军作战试验鉴定中心组织召开了空间项目峰会,对 STI 进行了研讨,以求建立新的航天装备试验鉴定机制。2008 年后,美军各相关方对 STI 达成了一致,并逐步推进 STI 的应用。

(3)试验鉴定体系推进实施阶段

2009 年,STI 替代了 NSS 05.01《国家安全空间采办政策》成为现行的美军航天装备试验鉴定政策。STI 将研制与作战一体化试验鉴定的理念真正植入航天装备采办程序,通过赋予 ITT 极大的责任和权力开展项目定制化的试验鉴定。同时,美军逐渐将航天装备试验鉴定的目的由"为采办决策设置标准门槛"转变为"为降低采办风险"。通过试验鉴定顶层目标的转变和一系列措施,扭转了长时间以来装备研制部门与试验机构相互"对立"的态势,促进了研制、试验双方的协作和资源、数据共享,使双方聚焦于"如何改进"而不是"是否达到门槛要求"。

以 STI 航天装备试验鉴定政策为顶层策略的试验鉴定方法,已应用于几乎全部新启动的航天装备采办项目,这些项目均在不同程度上获得了成效。例如在成本节约方面,天基红外系统 SBIRS 卫星,通过在采办早期阶段采用研制与作战一体化试验和快速分析报告等方法,完成时间比预计进度提前了 60 天。

1.3.4　航天装备一体化试验鉴定的体系框架构想

长期以来,依据不同时期战略与需求的变化,不断研究与创新武器装备试验鉴定技术的理论和方法,修正与调整不同装备建设全寿命管理制度,改革与优化装备发展部及各军兵种隶属的试验鉴定机构,统筹与完善试验资源。借鉴美军一体化试验鉴定理念,本节结合近年的探索和尝试,以期建立初步的航天装备试验鉴定体系框架,以便于不断提高航天装备的试验评估技术与能力。

本节从一体化试验鉴定的理论体系、一体化试验鉴定的法规标准体系、一体化试验鉴定的组织管理体系、一体化试验鉴定的试验靶场体系、一体化试验鉴定的条件保障体系、一体化试验鉴定的技术研究体系、一体化试验鉴定的人才队伍体系等七个方面论述航天装备一体化试验鉴定体系框架。

(1)一体化试验鉴定的理论体系

航天装备一体化试验鉴定的理论是航天装备学科、航天装备试验鉴定理论的重要分支,也是航天学科的重要组成部分,分为基本理论、应用理论和技术理论三个层次。

① 基本理论。基本理论重点研究航天装备一体化试验鉴定活动的一般规律,是对航天装备一体化试验鉴定活动具有普遍指导意义的共性理论。基本理论主要研究一体化试验鉴定的全局性的、共性的、根本性的问题,包括:航天装备一体化试验鉴定的基本概念、地位作用、特点规律等;基于系统工程的一体化试验鉴定需求、方式方法、基本标准、基本流程、管理指挥、综合保障等共性基础理论;一体化试验鉴定系统的功能、要素、结构、运行与建设等通用理论。

② 应用理论。应用理论重点研究航天装备一体化试验鉴定理念在性能试验鉴定、作战试验鉴定、在役考核试验鉴定等活动的各个方面、各个环节的具体指导规律和方法。

a.按试验鉴定类型主要分为航天装备性能试验鉴定理论、作战试验鉴定理论、在役考核试验鉴定理论等。针对不同试验鉴定类型的特点和要求,性能试验鉴定理论以研制试验和基地试验活动为研究对象,作战试验鉴定理论和在役考核试验鉴定理论以作战试验活动和在役考核活动为研究对象,主要研究一体化试验鉴定理念下不同试验鉴定活动中的工程技术、管理、指挥、保障、条件建设、评级标准等问题。

b.按试验鉴定对象主要研究各类卫星及其运控和应用系统、航天支持与保障系统等航天装备一体化试验鉴定活动。

c.按试验鉴定工作,一是试验鉴定工作运行模式研究,主要研究航天装备一体化试验鉴定工作的机构设置、职责分工与界面划分、相互关系、工作程序和工作机制等;二是针对不同类型航天装备研究其试验鉴定专门知识,主要包括某类航天装备一体化试验鉴定关键技术、指挥管理理论、试验保障理论等。

③ 技术理论。技术理论重点研究对航天装备一体化试验鉴定理念下对性能试验鉴

定、作战试验鉴定、在役考核试验鉴定等活动具有支撑作用的共性技术理论。

按照航天装备试验鉴定过程所涉及的主要技术领域，主要研究航天装备一体化试验鉴定设计、测试与发射、测量与控制、数据处理与管理、空间目标探测识别、试验环境、指挥信息系统、鉴定评估、质量管理与保障、目标特性与毁伤效能评估、小子样试验鉴定理论、先验及多源信息融合处理、模型与仿真、装备保障与维修、靶场构建技术、新概念武器试验鉴定技术等。

一体化试验鉴定的理论体系是航天装备一体化试验鉴定体系框架的基石。一体化试验鉴定的理论体系旨在为各种试验活动和方法、各类试验资源实施、各类试验信息的综合利用等提供管理和规划支撑，以便于加速航天装备研制周期、降低研制风险和费用、提高装备试验效率和效益。

（2）一体化试验鉴定的法规标准体系

一体化试验鉴定的法规标准体系还没有建立，针对状态鉴定、性能试验、作战试验、在役考核等，国军标、军兵种标准和型号技术规范三个层面的标准体系还较为零散，基础试验理论、共用试验理论和专业试验理论层面标准等还未系统构建。航天装备一体化试验鉴定工作应以相关法规为基本遵循，尽快建立航天装备一体化试验鉴定法规、制度和标准体系。

① 法规体系。法规体系是指确立航天装备一体化试验鉴定管理规定、航天军工产品鉴定管理办法、各类装备一体化试验鉴定实施细则等规章，规定航天装备一体化试验与鉴定政策、管理与实施程序等，主要包括制定《航天装备一体化试验鉴定管理规定》《航天装备一体化试验鉴定暂行办法》《航天装备一体化试验鉴定工作质量管理办法》《航天装备一体化试验条件项目管理办法》和《航天装备一体化试验技术研究项目管理办法》等法规规范等。

② 标准体系。标准体系分管理和技术两大类，按国军标、军兵种标准和型号技术规范三个层面统一构建。管理类标准主要规范一体化试验设计、试验实施、试验验收、试验报告、文档编制、技术状态管理等工作流程要求，技术类标准主要规范各专业领域及共用基础类一体化试验鉴定的具体技术要求。其中，一体化试验标准可划分为武器装备一体化试验标准、一体化试验专用装备标准和一体化试验保障标准等。

分门别类地制定航天装备一体化试验鉴定标准，形成科学的标准体系。一体化试验鉴定法规标准体系的制定必须满足以下要求。

一是要体现系统性，全面反映航天装备各个方面的特征和综合情况，以保证一体化试验鉴定和综合评估的全面性和可信度。

二是要注重可操作性，尽量做到简单明了，便于一体化试验鉴定中试验数据的测试和录取,便于试验后的综合评估。

三是要强调层次性,航天装备一体化试验鉴定的整个指标要构成一个树状结构,上一层指标应该与下一层指标存在包容的关系。

四是要体现动态性,国军标、军兵种标准和型号技术规范要相互关联,随着型号技术规范的积累,各项标准要不断更新完善、动态发展,要研究制定一体化试验鉴定法规定期更新机制。

(3)一体化试验鉴定的组织管理体系

新时期对试验鉴定机构设置和试验资源投入与分配等方面进行了大量调整,反复平衡性能试验鉴定与作战试验鉴定组织管理模式,性能试验鉴定、作战试验鉴定双轨管理体系逐渐形成,通过这几年的运行与不断发展完善,已逐渐形成相对独立、相互支撑、相互融合的一体化态势。对于航天装备的一体化试验,航天装备试验鉴定管理机构一直在根据对试验鉴定活动规律的最新认识和最先进的理念灵活地变化和调整。

航天装备一体化试验鉴定的组织管理体系是航天装备试验鉴定组织管理体系的一部分,主要由产品定型委员会、定型委员会办公室、鉴定中心、承试部队、军事代表机构、型号综合试验项目组组成。

(4)一体化试验鉴定的试验靶场体系

试验资源对于建立、保持和发展一体化试验能力具有重要作用。对于试验靶场即设施等资源的管理,美军高度重视对重点靶场与试验设施基地的监管与使用,成立了专门的试验资源管理机构,负责试验资源的监督管理和长远规划,对军兵种的试验与鉴定项目投资进行审查,并通过"中央试验鉴定投资计划"和"试验与鉴定科学技术计划"两个试验资源投资计划,指导各军兵种的试验与鉴定投资方向,实现靶场体系的合理布局和协调发展,避免重复投入,保障满足武器装备试验需求的试验技术和试验能力的发展。

针对航天装备一体化试验鉴定的试验靶场体系,可以通过外军类似的"联合试验鉴定方法"工程和"试验与训练使能体系结构"等系列规范性文件和要求,实现分布式资源的互联互通互操作,将地域分布的航天装备空间试验靶场、航天装备陆上试验靶场、航天装备海上试验靶场、虚拟试验靶场、军民融合靶场等连接起来,如图1-4所示,形成统一的试验网络,各靶场独立或联合开展试验鉴定工作,为航天装备提供可按需快速重构、虚实结合的分布式、网络化环境,为全面、高效、可靠地保障装备试验鉴定任务提供支撑和服务。

图1-4中,航天装备空间试验靶场主要指在不特定太空空间,用于完成空间试验所涉及的各要素,或部署于空间支持完成其他试验鉴定任务的资源要素总和。其中,部署

于空间的试验资源包括：各类空间靶标、标校卫星、通信中继卫星、导航卫星等。空间试验靶场可以为太空攻防装备开展太空攻防作战试验，为太空态势感知装备、航天器跟踪测量与控制装备开展设备标校与精度鉴定、跟踪测量效能检验等作战试验提供支持。

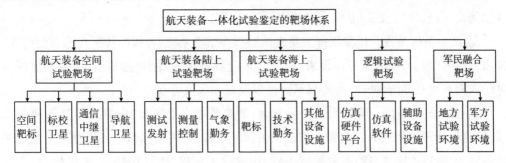

图1-4 航天装备一体化试验鉴定的试验靶场体系

航天装备陆上试验靶场主要由陆上试验场区，以及测试发射、测量控制、指挥通信、地面靶目标、气象勤务等设施设备组成，可以为各类型航天装备开展地面试验鉴定提供支持。

航天装备海上试验靶场主要由海上试验区，以及海上测量控制装备、海上靶目标、海上着陆场、海上标校场等要素组成，可以为各类型航天装备在某特定海域开展试验鉴定提供支持。

虚拟试验靶场主要由实验室及其所属各类仿真软硬件平台和辅助试验设施设备组成，用于开展计算机建模、仿真试验、虚拟演练等，支持和服务于航天装备的各类试验鉴定任务。逻辑试验靶场又称为无边界靶场，就是没有地理界限、跨靶场与设施的任何真实的、虚拟的、构造的试验资源的集合体，这些资源包括对构建逼真的试验训练环境、完成试验训练任务有用的任何东西，如空域、海域、实际的部队、武器、平台以及模拟器、激励器、模型与仿真、软件模块、数据产品、各种仪器仪表，甚至训练的剧情、计划等，它们通常分布在不同的试验训练靶场、设施和实验室中，一旦具体的试验任务需要靶场设施互操作和资源共享时，它们就可以针对具体的试验训练任务快速组合、配置成具体的无边界靶场实例。

军民融合靶场主要是针对航天装备试验子样少、试验条件有局限的情况，由型号部门和地方科研院所的试验条件联结军方靶场试验条件共同组成的一个靶场系统，实现军地双方试验优势互补、成果共享。

（5）一体化试验鉴定的条件保障体系

随着航天装备的创新发展，对一体化试验技术的发展和试验手段的建设也提出了新要求，也就是说，要对先进的航天装备实施有效的一体化试验鉴定，试验条件和手段必须与之相适应、相匹配。

一体化试验鉴定的试验条件是指实施和保障装备试验鉴定任务的设备系统、信息系统和相关的配套设施。具体由试验指挥、测试发射、测量控制、通信保障、试验靶标、环境构设、分析评估、数据工程、配套保障等条件构成。

① 试验指挥条件。试验指挥主要由试验指挥信息系统、各级指挥所保障系统构成，并由基础通信等方面的条件建设来支撑，体系应具备任务规划、资源调度，各类数据信息的入网及交互，综合处理、态势显示监控以及辅助决策等基本功能。

② 测试发射条件。航天测试发射方面，围绕常态发射装备、应急发射装备两条主线，稳定保持现役运载火箭高密度测试发射保障条件，完善增强新一代运载火箭发射保障条件，发展具备应急机动发射保障条件，形成分工合理、优势互补、有机衔接、可靠备份的新型航天测试发射体系。武器试验测发方面，贯彻需求与能力并重的发展思路，坚持"体系建设、技术先行"的原则，构建反卫装备试验保障体系，完善靶场试验体系和试验设施设备，不断提升武器试验保障能力。

③ 测量控制条件。针对多样化的航天装备一体化试验任务，需根据任务特点，需建设平台种类齐全、功能完备，具有多种频段、多种传感手段的测控体系，支持多类航天装备试验、鉴定任务，兼顾军兵种武器试验需求。

④ 通信保障条件。着眼提高基于信息系统的航天装备体系一体化试验能力，采用先进信息通信技术建设和改造现有信息通信系统。

⑤ 试验靶标条件。为适应航天装备一体化试验对靶标的需求，需为定向能反卫、航天电子对抗等任务配备试验靶目标（无人机、靶星等），同时在靶目标上搭载多类测试靶、效应靶和各类传感器，具备到靶参数测量和打击效果评估能力。

⑥ 环境构设条件。模拟相应的战场环境，考核航天装备在不同的自然环境、地理环境、电磁环境下的环境适应性和作战效能，为航天装备的试验鉴定提供必要基础。

⑦ 分析评估条件。统筹建设航天系统部的数据分析评估资源，重点加强航天装备的系统仿真、性能评估分析能力、试验鉴定评估能力，提升武器装备毁伤效应评估能力，形成航天试验信息大数据的收集、分析、挖掘和应用能力，为航天装备战标考核、作战效能评估、任务指挥辅助决策等提供技术支持。

⑧ 数据工程条件。根据航天装备性能试验、作战试验、在役考核等三大类鉴定定型试验的不同需求，以航天装备试验鉴定大数据生命周期为主线，重点开展数据建模、数据标准化、数据管理、数据应用和数据库安全等方面建设，支持装备战技性能达标度综合评估、装备作战效能综合考核等。

⑨ 配套保障条件。

　　a. 工程建设。围绕航天发射测控和武器装备科研试验保障需求及部队建设发展需要,系统提升试验工程科研设计能力、建设管理能力和施工能力,形成全面满足任务需求,构成完备、制度健全、运转高效,综合保障能力强、质量投资效益好,适应信息化和体系化作战试验要求的科研试验工程保障体系。

　　b. 气象保障。以高密度航天发射任务、常态化载人航天气象保障任务需求为牵引,不断完善气象观探测装备稳定性、可靠性,提高气象预报定量化、精细化能力,拓展临近空间测量能力建设。

　　c. 技术勤务。强化机要、保密、机电、特燃、计量、仪表、通用保障装备等顶层设计,健全保障机制,完善保障手段,落实保障训练,突出保障资源综合集成、保障要素高效融合。

　　(6)一体化试验鉴定的技术研究体系

　　航天装备一体化试验鉴定是一个复杂的系统工程问题,其发展除了会受到装备发展需求、科学技术和国家经济条件等诸多内外因素的影响,还会受到当前一体化试验鉴定的技术与手段的影响。美军提出的一体化试验鉴定思想从系统、研制过程、研究手段三个维度来对各个试验阶段和试验活动进行统筹规划和组织实施,有效地提高了试验效率、缩短了试验周期、减少了试验成本和风险。当前,装备建设处于“跟踪测仿”向“自主研发”转变的关键时期,对航天装备一体化试验鉴定工作也提出了许多前所未有的新要求。

　　为满足航天装备试验鉴定需求,有效保障试验鉴定的组织实施,结合航天装备建设实际,研究借鉴美军经验,更加注重集约高效,需要创新发展试验鉴定理论,开展试验鉴定总体技术、试验靶标与环境构建技术、试验指挥控制与测试测量技术、试验鉴定综合分析评估技术、试验鉴定基础与保障技术等研究,特别注重虚拟现实、大数据、人工智能等创新技术的应用,加强领域的技术积累,逐步形成具有航天特色的一体化试验鉴定技术研究体系。

　　① 试验鉴定总体技术研究。试验鉴定总体技术是保证试验鉴定工作集约高效运行的有力支撑,主要包括试验与鉴定技术体系架构、试验鉴定通用性技术、总体设计技术、系统集成技术以及逻辑靶场、太空靶场设计与构建技术等。

　　建立基于系统工程、运筹学的试验鉴定总体技术方法体系,加强适应航天装备发展要求的一体化试验鉴定体系的规划设计研究,对一体化试验鉴定体系进行顶层设计、规划试验资源及其布局,提出一体化试验鉴定体系建设方案。同时,能针对各类特定作战应用的航天装备,研究航天装备的一体化试验阶段特征,制定一体化试验鉴定策略,筹划、规划鉴定的内容、方法、手段、设施,研究提出一体化试验鉴定的总体框架和实施方案。

另外,目前的一体化试验鉴定技术实际应用大多数针对的是单一问题,或单一装备,而未来作战都是体系作战,都是装备体系与装备体系的对抗。因此,有必要研究构建面向航天装备体系的一体化试验鉴定技术与方法,将一体化试验鉴定思想与装备体系仿真紧密结合,科学检验航天装备是否满足未来航天体系的作战效能和作战适用性要求,确定其体系贡献率。

② 试验靶标与环境构建技术。试验靶标与环境构建技术重点开展靶标特性分析与模拟、目标特性分析以及各类试验环境构建理论与技术研究。

对高逼真度目标特性模拟实体靶、等效靶设计、低成本靶标、自主交互对抗靶标、高超声速靶标等建设技术进行研究,重点研究靶标集群控制和多靶同域同时保障、新型水中兵器供靶、制导适应性靶标等效模拟、空间天幕动能靶标、多效毁伤人体靶标模拟等关键技术。

对极端环境模拟与构建、实战化干扰模拟与构建、无线信息系统对抗电磁环境构建、网络空间战场基础环境模拟与构建、弹舱一体化复合环境模拟与构建等关键技术进行研究,特别是必须对武器系统复杂环境适应性与边界试验条件构建、试验电磁环境逼真构设及集成、基于数据驱动的多环境影响因素数字化仿真试验环境构建、无线网络对抗环境构设等展开重点研究。

③ 试验指挥控制与测试测量技术。试验指挥控制与测试测量技术,重点开展多手段测试、发射、测量控制等方面的研究。

对靶场分布式资源自动配置与调度、全域态势感知与智能管控、试验动态可视化呈现、作战试验导调与协同、导弹武器系统作战试验指挥协同、新一代 IP(Internet Protocol)调度系统航天发射试验指挥等关键技术进行研究,特别是进行智能化靶场指控技术体系、多靶场试验任务态势感知、试验动态干预、资源调度和试验进程控制、基于自主可控航天发射塔的试验指挥等前沿技术的研究。

开展压力条件下典型关键岗位工作负荷评测、军用信息系统人机交互界面工效评价、嵌入式软件测试、基于模型开发的软件自动化测试验证、互联互通互操作自动测试系统、实战环境下抗干扰边界性能测试等技术研究,加强航天装备电磁干扰及强电磁效应、军用软件缺陷自动修复、光学隐身智能测试、下一代智能卫星性能试验与综合测试、电子对抗目标及环境测试、定向能武器测试体系构建等前沿技术的研究。

开展自主可控高端测试传感器、海量异构试验数据采集与标准化、试验数据虚拟化存储、跨媒体试验数据统一表征与分析、试验数据一致性检验等技术研究,加强外场试验数据低带宽条件采集、基于访问热度的试验数据多级混合存储、试验大数据分析挖掘、多源异构试验数据融合、实装试验与虚拟试验数据一致性检验和平衡化处理等前沿技术研究。

④ 试验鉴定综合分析评估技术。试验鉴定综合分析评估技术,重点开展航天装备的一体化鉴定理论方法、仿真分析评估、毁伤效应/效能评估、小子样试验鉴定、数据挖掘与融合处理、试验综合评估等方面的研究。

开展毁伤效能评估标准规范体系建设、技术发展体系建设、毁伤元作用机理分析、毁伤效应基础理论、毁伤测试与评估标准制定、典型武器毁伤效能手册研编、体系目标易损性分析、物理毁伤与功能毁伤映射、毁伤效果等效转换、动态毁伤测试原理与技术、自主数值计算软件开发、复杂条件下毁伤效应分析、战场目标毁伤效果实时评估和生存力评估等技术研究。

开展极限边界条件下航天装备性能评估、战场环境条件下作战效能评估、近实战条件下作战适用性评估、装备在役适用性评估、体系贡献率指标与评估算法、复杂电磁环境下航天装备适应性试验评估、地基高功率微波武器对机载信息系统作战效能评估等研究,加强装备体系试验综合评估、博弈环境下的主战装备效能评估理论、作战适用性评估体系构建、自组织集群武器的自主性试验评估等前沿技术的研究,特别是急需的装备体系试验与评估、联合级体系试验鉴定公共仿真框架、联合级体系试验鉴定多域环境一体化构设、联合级体系试验鉴定实时数据交互、一体化联合试验设计与导控等技术研究。

随着计算机技术和计算科学的飞速发展,凭借其使用灵活方便、经济高效的优点,可以预见计算机模拟仿真将在未来的一体化试验鉴定工作中得到越来越广泛的应用。特别是量子计算机比传统计算机具有更快的处理速度,量子计算在装备试验鉴定中的一个重要应用领域是计算机生成兵力,而计算机生成兵力可以运用于许多试验鉴定的构想之中,如作战对手及装备、作战环境的构设等。量子计算机对提高计算机生成兵力系统的性能有巨大潜能,因此,必须紧跟量子计算机发展趋势,研究基于计算机兵力生成的计算机仿真建模技术,研究其在航天装备一体化试验鉴定中的应用。

航天装备的一体化试验鉴定中必须逐步考虑人类行为科学模型。现有的一体化试验鉴定基本没有考虑人的因素,而未来航天装备将大量使用人工智能技术,基于仿真的试验鉴定必须建立人类行为模型并考虑作战人员在作战场景中的行为对作战态势和作战结果的影响。对航天装备一体化试验鉴定而言,无论哪一个维度的工作都无法避免对人类行为的描述和应用,因此,行为科学技术将在未来航天装备一体化试验鉴定中得到越来越广泛的应用,值得长期关注和研究。

当前人工智能技术应用于武器装备论证设计的优势已经显现,在试验数据分析和规律挖掘方面的应用也在不断深入,人工智能技术和大数据技术将在航天装备的一体化试验鉴定中得到深度应用。航天装备系统结构复杂、功能多样,试验数据种类繁多、数量巨大,利用数据聚类、关联分析等大数据和人工智能技术将有助于从海量的试验数据中提取有用信息,辅助发现不同手段获取数据、不同状态试验数据、不同类型装备试验数据中所蕴含的作战效能和作战适用性规律,获取相关知识,支撑航天装备的设计完善与作战运用。

⑤ 试验鉴定基础与保障技术。试验鉴定基础与保障技术重点开展试验配套技术、基础工程设施、气象、计量、标准规范等方面的研究。通用的一体化试验鉴定基础技术重点深化一体化试验鉴定理论体系,新型试验的概念、内涵以及相互关系;健全一体化试验鉴定法规标准体系;加强装备"三化"评估技术等研究。特别是对气象水文预报保障、全弹道测量、试验搜救回收、一体化试验条件共享平台构建、一体化试验保障信息管理平台、一体化试验鉴定计量体系构建等关键难点问题深化研究。

对当前一体化试验展开存在的试验鉴定基础与保障技术进行攻关。例如战术技术性能指标(包括关键器件、分系统、全系统静态、动态性能等)的测试测量关键技术,一体化试验和航天发射的相关测试技术、测试方法、测试手段等,以及试验环境监视测量、状态预报、应急维护等关键技术。

航天装备一体化试验鉴定活动中的信息保障技术,具体指一体化试验活动中试验所需和产生信息的传输、存储、分发技术等。一是国防光缆网、卫星通信网、北斗导航网、短波通信网等基础设施接入技术;二是试验场内部及试验场间的光纤、卫通、微波、宽带无线接入、短波通信等信息传输及网络建设技术;三是一体化试验鉴定中各类信息数据的存储、处理、分析、共享技术及能力建设;四是具备网络配置管理、性能管理、故障管理、网络规划等功能的相关管理理论与技术;五是网络安全防护技术,强化信息安全基础设施建设,强化信息安全态势感知系统、网络防御系统、网络认证系统和信息安全监测与评估系统建设,强化技术防范,建立面向网络空间的管理信任体系和电磁空间的技术防范体系。

根据航天装备试验鉴定工作管理体制、特点规律,结合其他法规制度研究情况,深化一体化试验鉴定法规体系研究,开展顶层法规研究工作,梳理相关法规制度并提出意见,逐步构建和完善体系完备、层次分明、实用高效的一体化试验法规制度体系。

开展航天装备一体化试验鉴定标准的预先研究、编订、宣贯、实施等工作,参照国家军用标准体系等要求,进一步完善航天装备试验鉴定标准体系,推进航天装备一体化试验鉴定标准规范的制定和统一管理。

航天装备一体化试验鉴定的质量体系,参照相关国际、国家、军队的相关质量管理体系,结合一体化试验鉴定特点要求,建立健全航天装备一体化试验质量管理组织体系;重点完善质量管理运行机制,改进质量管理方法工具,加强过程管控,推进质量体系认证,提高质量管理能力。

开展航天装备一体化试验鉴定活动中的计量检定技术研究,拓展航天装备一体化试验鉴定活动中计量检定范围,提升计量检定精度,优化计量检定保障布局,研究并建设快速、动态、在线、非接触、无损等计量检定技术与能力。

加强航天装备一体化试验鉴定活动中的科技情报工作,建立基于网络的航天装备一体化试验鉴定科技情报系统,具备快速、协同的信息采集、处理、存储与管理能力;加强数据分析、处理工具研究,提高航天装备一体化试验数据产品生产和情报服务的能力。

(7)一体化试验鉴定的人才队伍体系

航天装备一体化试验鉴定全方位检验航天装备的性能、效能指标,对组织管理、试验设计、试验评定、试验保障等提出了很高的要求,只有构建合理的人才体系队伍,通过合理分工、发挥专长、高效协作,才能确保航天装备一体化试验鉴定得以顺利实施。按照航天装备一体化试验鉴定的特点和要求,其人才体系可以划分为5类:组织管理人员、试验设计人员、试验操作人员、试验评估人员、试验保障人员。各类人员分工职责不同,需要的理论和技能不同,不同层次人员培训层次也应不同,因此既要形成互补,又要精通专项,对应的培养模式也比较复杂。

① 组织管理人员。组织管理人员主要包括航天装备一体化试验鉴定机构的各级领导、参谋人员以及驻厂军代表。按照职责和权限的不同,分别负责一体化试验鉴定活动中不同阶段、不同级别上的任务筹划计划、组织协调、监督决策等,包括提出需求和预算、制定政策法规、监督实施情况、协调解决问题、做出正确决策等。

② 试验设计人员。试验设计人员主要包括研制部门、试验鉴定部门、作战部队等单位的一体化试验设计人员,负责共同设计试验指标、试验方法、试验流程等,以使得一体化试验鉴定方案合理、全面、经济,从而实现对航天装备进行性能效能、指标鉴定的要求。

③ 试验操作人员。试验操作人员主要包括研制部门操作人员、试验基地操作人员、部队操作人员等,分别负责不同试验鉴定阶段鉴定项目的操作,要求熟悉装备性能,熟悉试验流程,严格按规章操作,确保操作可靠安全,并采集各类试验数据。试验操作人员是保障一体化试验鉴定顺利进行的具体执行人员。

④ 试验评估人员。试验评估人员主要包括研制部门评估专家、试验鉴定部门评估专家、作战部队评估专家等,对航天装备的需求分析、研制论证、设计、生产等过程进行

独立、客观、全面的评估,包括对试验方案、试验方法、试验流程、试验结果等进行数据处理和分析评估。

⑤ 试验保障人员。航天装备一体化试验鉴定即具有一般装备试验鉴定的特性,又具有其保障的复杂性和特殊性,试验保障人员一般包括试验环境构建、靶目标、试验场所管控、供水/供电/供气、特燃运输/存储/加注、废液处理、车辆驾驶、电磁环境监测、气象保障、医疗救护、机要等人员,以及作战试验鉴定需要的信息采集、导调控制等人员。

第2章 航天装备试验鉴定的组织管理

航天装备是一类非常特殊的装备,美军航天装备采办程序和试验鉴定过程也具有极强的特殊性。美军航天装备采办和试验鉴定在美军一般装备采办程序和试验鉴定过程的基础上,进行了很大程度的更改,以适应航天装备小子样与高成本、技术升级快、战时与平时作战环境差异大、试验环境限制性强等在研制生产、作战、保障等方面的一系列特点。除执行美国国防部全军试验鉴定政策外,美军航天装备试验鉴定的具体工作主要由具体航天装备最终用户、系统项目办、空军司令部及下属各部门、国防部组织体系外的企业和机构等多方负责开展,美军的航天装备试验鉴定的组织管理模式对我国具有借鉴意义。

2.1 美国航天装备试验鉴定的组织实施体系

1990 年代,美国空军虽然提出了一体化试验鉴定,但是发现航天装备的采办不同于一般武器装备,经历了多方探索,最后基本形成了适合航天装备试验鉴定的体系——完善的政策制度、完备的组织架构和合理的资源规划。

2.1.1 完善的政策制度

美国自大力推行一体化试验模式以来,先后出台了 DoDI 5000.2《国防采办系统的运行》、AFI 10-1202《空间试验项目管理》、AFPAM 38-102《美国空军总部组织机构及职能》、AFI 99-109《试验资源计划》、MIL-STD-785B《系统和设备研制生产可靠性项目》等一系列关于试验管理、组织实施、技术标准、产品规范等涵盖各个领域的政策和指令文件,这些文件保证了一体化试验的顺利运行做到有法可依,有章可循。

2.1.2　完备的组织架构

美军航天装备试验鉴定的组织管理是在国防部装备试验鉴定组织管理模式的基础上开展的,主要施行组织层面的试验鉴定政策制定与监督,多军种作战试验鉴定工作协调,以及项目层面的试验鉴定执行。

2.1.3　合理的资源规划

美国将航天装备试验鉴定的方法和资源分为六大类,即建模仿真、测量设施、系统集成实验室、硬件在环、系统总装试验设施和真实环境试验场。对于方法和资源的选择和规划使用是保证航天装备试验鉴定顺利实施的重要组成部分。这些方法和资源分别分布在美国空军及其他相关军兵种所属的试验基地、发射场、实验室等;政府非军事部门的试验设施;工业部门、航天企业公司试验设施等。大多数的空军基地、重点实验室等试验资源会包含多个试验资源类别。这些资源由航天装备试验鉴定客户咨询办公室负责统筹并协调,以现有资源优先规划使用为主,当现有试验资源无法满足需求时,航天装备试验鉴定客户咨询办公室可协助项目办或综合试验组通过试验投资计划和规划申请建立必要试验资源的经费。

2.2　美国航天装备试验鉴定的组织管理内容

美国航天装备试验鉴定按照项目管理的模式进行组织管理,其重要的内容总是围绕不同的设备和资源展开,如何合理规划试验资源和安排试验程序是试验鉴定组织管理的重点内容。

2.2.1　试验鉴定的资源分类

美军航天装备试验鉴定的资源(包含方法)包括以下六大类,选择和使用这些方法和资源是航天装备系统试验鉴定程序的重要组成部分。

(1) 建模仿真(Modeling and Simulation,M&S)

建模仿真是在航天装备寿命周期内采用数字或其他模型以及计算机仿真,对用户需求的识别与定义并开展工程设计和生产的试验鉴定方法和资源、工具。建模仿真是一种非常节约成本的试验鉴定方法。

（2）测量设施（Measurement Facilities）

测量设施是测量航天装备系统的物理特征的试验鉴定方法和资源。测量设施一般是指政府所有的支持空间系统采办工作的设施。

（3）系统集成实验室（System Integration Laboratories，SILs）

系统集成实验室开展单机、分系统和系统的性能和兼容性试验，其中兼容性是指产品与其他系统或功能进行集成的兼容性。系统集成实验室用于评估独立硬件和软件的交互作用，有时引入完整的系统软件。多种计算仿真和试验设备用于生成场景和环境，对功能性、可靠性和安全性进行试验。承包商和政府一般都会建立针对特定系统的系统集成实验室。

（4）硬件在环（Hardware-In-The-Loop，HITL）

硬件在环试验通过重复性的试验来验证航天装备系统效能。硬件在环试验会尽可能早地在研制开发过程中开展，甚至采用原理样机，以实时处理器运行仿真模型来模拟受控对象的运行状态。

（5）系统总装试验设施（Installed System Test Facility，ISTF）

系统总装试验设施是评估航天装备系统集成能力、与其他大系统兼容性的试验鉴定方法和资源。安装系统测试设施包括特殊的环境罐，如热真空罐、紧缩场和风洞。被试系统承受不同的模拟环境，并生成关键的性能信息。系统总装试验的首要目的是在模拟真实作战环境中评估集成系统。这些试验确定了系统在模拟环境中是否存在问题或确定系统对模拟环境的反应程度。此项地面试验可以帮助隔离单机、分系统或系统在发射前其他方法难以发现又对系统非常重要的问题。

（6）真实环境试验场（Open Air Range，OAR）

真实环境试验场用于发射在轨等真实环境和运行条件下，在高可信度下对航天装备作战性能和效能进行评估。此类资源一般属于国防部。由真实环境的空间和弹道飞行试验提供发射期间的数据，由卫星控制网络提供在轨运行数据。其他的在轨数据由重点实验室和研发中心提供。

上述六类航天装备试验鉴定的方法和资源对采办阶段的支撑关系如图 2-1 所示。每类方法和资源均应用于多个采办阶段。在采办早期阶段，主要采用地面试验和低成本的重复试验，如建模仿真和硬件在环。尽管这些试验鉴定资源在寿命周期内均有应用,但随着系统的不断成熟,就需要更复杂的系统级试验和综合试验,如真实环境飞行试验和在轨试验。

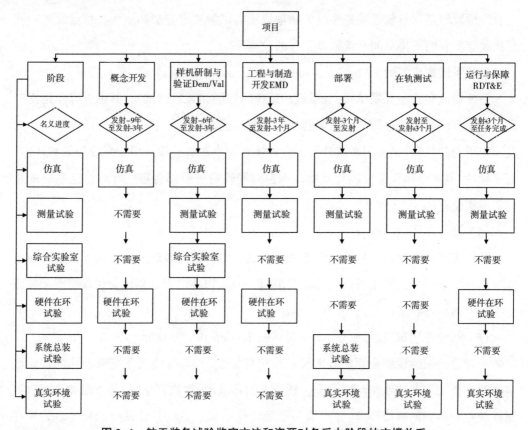

图 2-1　航天装备试验鉴定方法和资源对各采办阶段的支撑关系

2.2.2　试验鉴定程序

以航天器的研制试验、发射与在轨试验、发射与运载器试验,说明航天装备试验鉴定资源和鉴定程序之间的关联。航天器的研制试验内容按单机、分系统、系统三个等级的试验进行划分,并按建模仿真、测量设施、系统集成实验室、硬件在环、安装系统试验设施和真实环境试验等六类资源进行分类说明,如图 2-2 所示。

航天器的发射与在轨试验要素按天线发射/接收能力、任务控制能力、运行维护能力、空间安全、发射等五个方面进行说明,如图 2-3 所示。

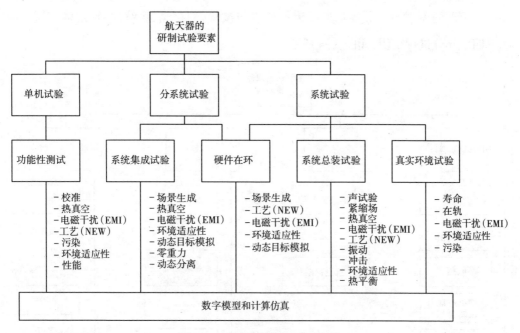

图 2-2　航天器的研制试验要素

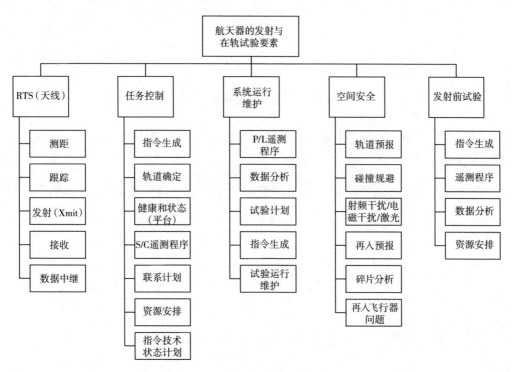

图 2-3　航天器发射与在轨试验要素

航天器的发射与运载器试验要素按研制与试验、贮存、大系统对接、运输/发射/回收等四个部分进行说明,如图 2-4 所示。

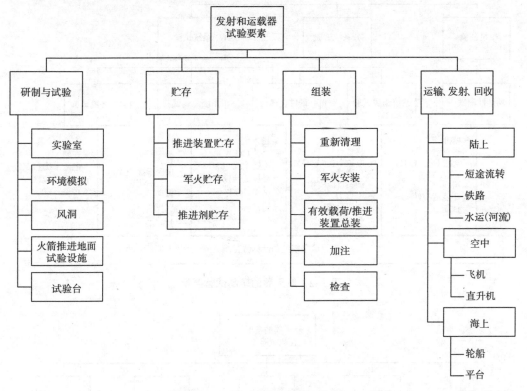

图 2-4　发射与运载器试验要素

以下以航天器为例说明主要试验类别和环境试验矩阵,航天器的主要试验类别如图 2-5 所示。

航天器在寿命周期各阶段经历的环境和所采用的环境试验方法矩阵,如图 2-6 所示。

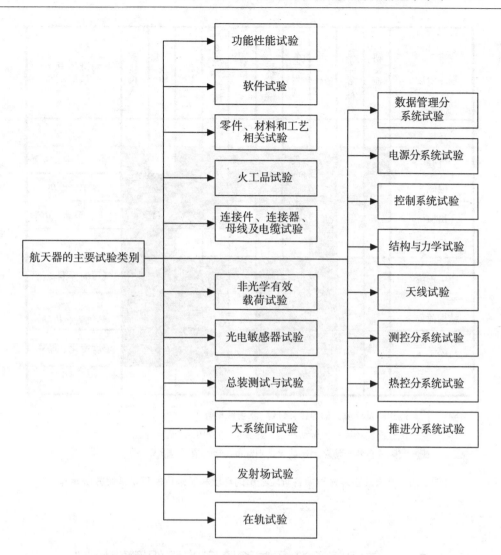

图 2-5   航天器的主要试验类别

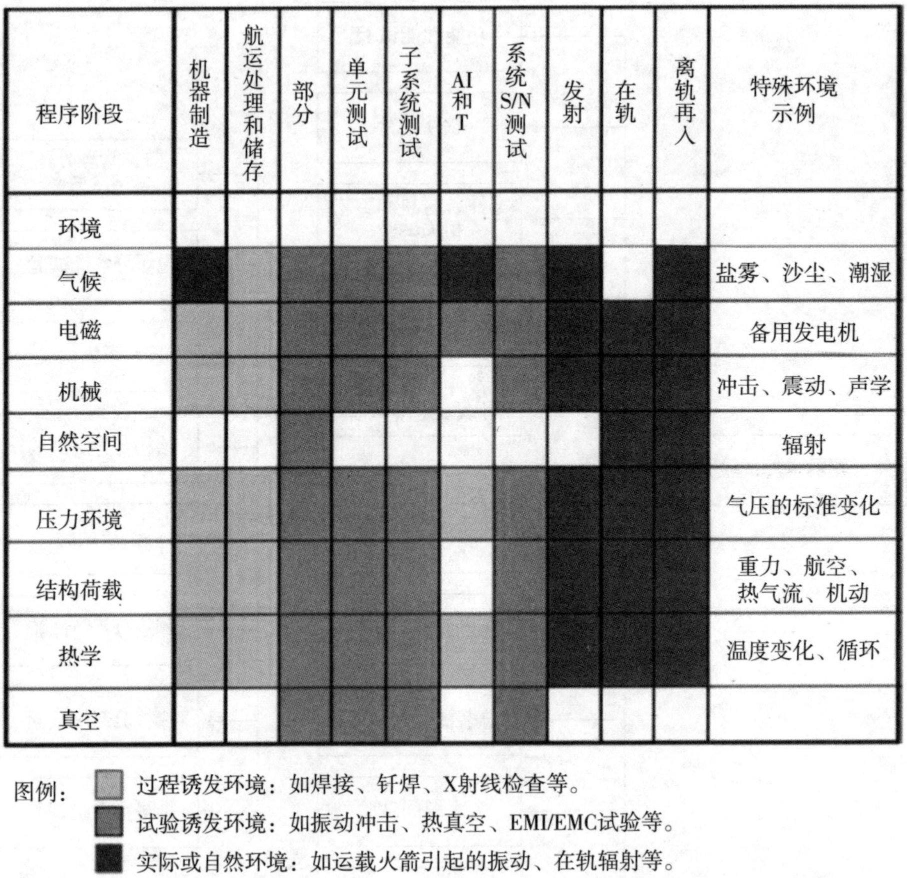

程序阶段	机器制造	航运处理和储存	部分	单元测试	子系统测试	AI和T	系统S/N测试	发射	在轨	离轨再入	特殊环境示例
环境											
气候											盐雾、沙尘、潮湿
电磁											备用发电机
机械											冲击、震动、声学
自然空间											辐射
压力环境											气压的标准变化
结构荷载											重力、航空、热气流、机动
热学											温度变化、循环
真空											

图例： ▮ 过程诱发环境：如焊接、钎焊、X射线检查等。
▮ 试验诱发环境：如振动冲击、热真空、EMI/EMC试验等。
▮ 实际或自然环境：如运载火箭引起的振动、在轨辐射等。

图 2-6 航天器在寿命周期各阶段经历的环境和所采用的环境试验方法矩阵

2.3 美国航天装备试验鉴定的组织管理机制

2.3.1 试验鉴定法规体系

美军航天装备试验鉴定的法规体系主要包括国防部面向全军装备的采办指令和试验鉴定指令、空军装备试验鉴定政策和指令及手册以及具体项目试验鉴定相关章程等三个层次。

国防部采办指令和试验鉴定指令主要包括：DoDD 5000.1《国防采办系统》、DoDI 5000.2《国防采办系统的运行》、DoDD 5141.2《作战试验鉴定（DOT&E）》、DoD 3200.11

《主要试验场和试验设施能力》、DoD-HDBK-343《单一规格空间试验型系统的设计、制造和试验要求》、DoD-STD-2167《国防系统软件研制》、CJCS 3170 联合作战相关指令等。

空军装备试验鉴定相关的政策和指令及手册主要包括：AFPD 10-6《基于能力的规划和需求开发》、AFI 10-1202《空间试验项目管理》、AFI 16-1001《验证、确认与鉴定》、AFI 16-1002《建模仿真管理》、AFPAM 38-102《美国空军总部组织机构及职能》、AFPD 65.1《基于能力的采办系统》、AFPD 65.5《质量保证》、AFPD 99-1《试验鉴定程序》、AFI 99-103《基于能力的试验鉴定》、AFI 99-109《试验资源计划》、AFMAN 99-111《C4I 系统试验鉴定程序》、AFMAN 99-113《空间系统试验鉴定程序》等。空军航天装备试验鉴定相关法规关系如图 2-7 所示，这些文件保证了一体化试验的顺利运行做到有法可依，有章可循。

2.3.2　试验鉴定标准体系

美军航天装备试验鉴定的标准体系主要为美国军用标准规范，主要是关于航天系统试验要求、试验方法类标准。航天装备试验要求主要依据 MIL-STD-1540《运载器、上面级和航天器试验要求》、MIL-STD-1540《运载器、上面级和航天器试验要求》和 MIL-HDBK-340《MIL-STD-1540 实施指南》为航天系统单机、部组件和系统级试验提供了指南。其他试验鉴定相关标准包括：MIL-HDBK-189《可靠性增长管理》、MIL-STD-470B《系统和设备保障性项目》、MIL-STD-471A《保障性验证、评估》、MIL-STD-499B《系统工程》、MIL-STD-781D《工程研制、鉴定与生产的可靠性试验》、MIL-STD-785B《系统和设备研制生产可靠性项目》、MIL-STD-1543B《运载器、航天器可靠性要求》等。

其中，可靠性试验与验证（增长、鉴定和验收）和保障性验证在 DoDI 5000.2 中第 6 章 C 部分第三段的 g 和 h 条进行了描述。可靠性试验与验证在 MIL-STD-785B 的工作项目 302、303 和 304 中，MIL-STD-1543B 的工作项目 302、303 和 304 中，MIL-STD-781D 的工作项目 202、301 和 302 中进行了描述。其他关于增长试验的内容可参考 MIL-STD-470B 的工作项目 301、MIL-STD-471A。保障性验证中的统计试验计划可参考 MIL-STD-471A。

2.3.3　组织层面与项目层面的试验鉴定管理执行

美军航天装备试验鉴定的组织管理是在国防部全军装备试验鉴定组织管理模式的基础上开展的，主要施行组织层面的试验鉴定政策制定与监督，多军种作战试验鉴定工作协调，以及项目层面的试验鉴定执行。

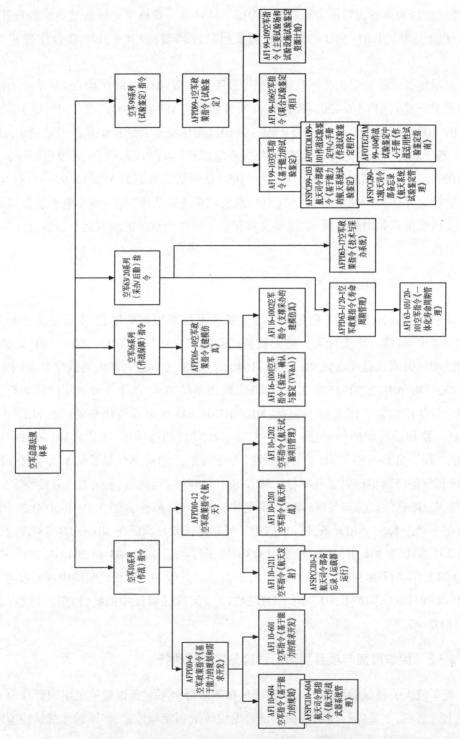

图 2-7 空军航天装备试验鉴定的相关法规关系

（1）组织层面的试验鉴定政策制定与监督

在组织层面,由国防部负责研制试验鉴定的国防部助理部长帮办(DASD/DT&E)和国防部作战试验鉴定局/局长(DOT&E)两个顶层机构分别制定并协调适用于全军装备的 DT&E 和 OT&E 的政策;由空军试验鉴定主管机构——空军总部试验鉴定局(HQ US-AF/TE)制定适用于空军各类装备的试验鉴定政策;一般由空军航天司令部(AFSPC)和空军作战试验鉴定中心(AFOTEC)具体负责航天装备试验鉴定策略和方法的拟定。

美军航天装备试验鉴定的具体管理机构组成是:空军部长、空军部长助理(采办)、空军参谋长及其管辖的空军试验鉴定局、空军航天司令部和空军作战试验与鉴定中心,以及空军航天司令部下辖的航天和导弹系统中心。其中,空军部长助理(采办)直接与国防部部长助理帮办(分管研制试验鉴定)和国防部作战试验鉴定局局长接洽工作,是空军部长授权的空军装备采办执行官;空军试验鉴定局局长负责试验鉴定政策制定、监督工作并直接向空军参谋长报告研制和作战试验鉴定的文件,解决试验鉴定的问题,管理试验大纲的评审工作;空军航天司令部负责航天和导弹装备的研制试验鉴定工作以及装备列装后的改进和升级工作;空军作战试验与鉴定中心负责独立实施所有项目的作战试验与鉴定工作,空军一级司令部(MAJCOMS)为作战试验鉴定提供所需的作战方案、人员和资源支持。空军作战试验与鉴定中心司令直接向空军参谋长报告。

研制试验鉴定和作战试验鉴定分别由两个部门组织实施。研制试验鉴定的指挥链是空军部长助理—空军参谋长—空军试验鉴定局—航天司令部,研制试验鉴定的组织实施由空军航天司令部及航天系统项目办负责,主要侧重于验证武器系统满足其技术要求的程度。作战试验鉴定的指挥链是空军部长助理—空军参谋长—空军试验鉴定局—空军作战试验与鉴定中心,作战试验鉴定的组织实施由作战试验与鉴定中心负责,主要侧重于评价任务完成能力,主要包括作战效能和作战适用性两个关键方面。其中,作战效能包括在规定的编制、条令和战术条件下完成任务的程度,以及生存性两个方面;作战适用性包括可靠性、可用性、维修性、保障性和匹配协调性(运输性、互操作性、技术资料及保障/测试设备)。

航天系统试验鉴定工作在组织层面所涉及的部门和机构间,政策制定、传递、监督执行的指令链条关系如图 2-8 所示。

（2）项目层面的试验鉴定执行

在项目层面,按采办组织管理系统执行"采办执行官 DAE/SAE—项目执行官 PEO—项目办/项目经理 SPO/PM"的纵向管理模式。美军航天装备采办由国防部分管采办、技术和后勤的副部长 USD(AT&L)负责,是国防项目采办执行官(Defense Acquisition Executive, DAE)。USD(AT&L)是重大国防采办项目里程碑决策者

（Milestone Decision Authority，MDA）。空军负责采办的助理部长（SAF/AQ）是空军采办执行官（SAE），负责空军的所有采办事务。

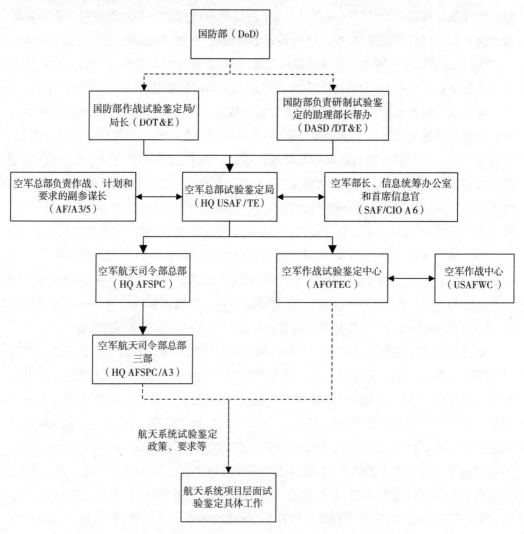

图 2-8　美军航天系统试验鉴定政策制定与监督——组织关系示意图

在一个具体航天装备采办项目中，建立有系统项目办（System Program Office，SPO）及项目经理（Program Manager，PM）；特别对于试验鉴定工作，建立有一体化试验组（Integrated Test Team，ITT）、指定研制试验主管部门（Lead Developmental Test Organization，LDTO）和参试机构（Participation Test Organization，PTO）、选择并指派作战试验部门（Operational Test Organization，OTO）等。

在项目初期，由 SPO 组织建立 ITT，并由 ITT 负责制定项目试验鉴定的总体规划、试验鉴定主计划（Test and Evaluation Master Plan，TEMP）（TEMP 包括项目试验鉴定总体

策略、一体化试验计划、试验资源等内容,是开展试验鉴定的纲领性文件),并统筹组织
开展项目的研制试验鉴定和作战试验鉴定工作。其中,航天装备研制试验具体工作主
要由 SPO/PM 指定研制试验鉴定部门(LDTO)牵头负责实施;在一体化试验计划外的独
立作战试验鉴定,由作战试验鉴定部门(OTO)负责实施。同时,还有航天装备的实际用
户(如国家侦察办公室 NRO、空军重要司令部 MAJCOMs 等)、航天装备试验鉴定咨询办
公室(Single Face To Customer,SFTC)、负责航天装备研制的具体承包商和分包商、国防
部联合作战司令部以及与特定航天装备作战相关的部门与机构等,共同完成试验鉴定
工作。在项目层面涉及的相关部门和机构关系如图 2-9 所示。

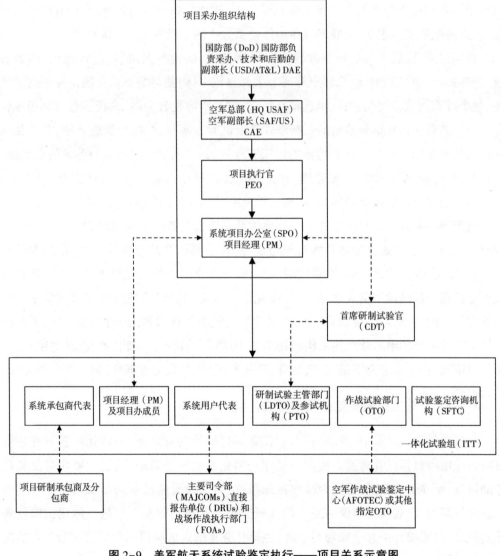

图 2-9　美军航天系统试验鉴定执行——项目关系示意图

2.4 航天装备一体化试验鉴定的组织管理构想

2.4.1 一体化试验鉴定的组织体系构成

近年来,大量新型号航天装备进行靶场试验,任务密度进一步增加,多个型号、多项任务并行展开,给航天装备一体化试验的组织管理与任务综合保障能力提出严峻挑战。这就要求各试验单位在航天装备一体化试验中,树立组织管理创新理念、研究组织管理技术,提高组织管理水平,全面增强在一体化试验中的组织管理与保障能力。

长期以来,在航天装备研发的各个阶段试验中,试验方案拟制、过程组织、内容设置、条件控制、信息利用、结果评定等环节大都自成一体,使得装备从立项论证到列装使用,整个过程的试验周期较长、试验消耗巨大、试验资源配置分散、试验信息的利用率较低。航天装备一体化试验鉴定的创新模式要求试验方案科学、组织管理严密,必然要求用创新的理念研究一体化试验鉴定的组织管理模式,实现对一体化试验鉴定的全系统、全过程、全时段、全寿命的集成管理,并合理配置与使用试验资源,以达到缩短试验周期、降低试验消耗、保障试验质量、提高试验效率、科学评定试验结果的目的。

航天装备一体化试验鉴定的组织管理体系是航天装备试验鉴定组织管理体系的一部分,是装备试验鉴定力量体系的有机组成部分,主要由产品定型委员会、定型委员会办公室、鉴定中心、承试部队、军事代表机构、型号综合试验项目组组成。由于一体化试验鉴定仅是一种试验鉴定理念,所以一体化试验鉴定的组织管理体系作为试验鉴定组织管理体系的一部分,也可以将其看作试验鉴定组织管理机构的一种职能。航天装备一体化试验鉴定的组织管理体系构想如图2-10所示。其中,一级装备定型(鉴定)由二级定委审议,报一级定委审批;二级装备定型(鉴定)由二级定委审批,报一级定委备案。

2.4.2 一体化试验鉴定的组织管理内容

在试验任务相对集中、要求高、多项任务并行展开的背景下,一体化试验过程各阶段应当采用项目集成管理的办法。一是在一体化试验任务启动阶段,主要明确试验任务的目标、所涉及的范围、需要的技术保障条件、对试验设施设备的需求以及任务将涉及的决策问题,形成项目建议书或可行性研究报告并得到批复。二是一体化试验任务计划阶段,组建项目组并全面履行职能,主要任务是确定试验目标与完成试验工作的保障条件,对任务与活动进行分解,形成试验任务总计划书与批复。三是一体化试验任务

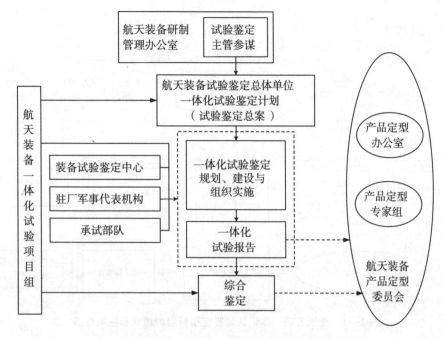

图 2-10　航天装备一体化试验鉴定的组织管理体系构想

预准备阶段,主要内容是根据项目计划,全面了解被试产品性能,做好相关技术和资源保障准备,提出一体化试验大纲和试验方案并得到批复。四是一体化试验任务试验前准备阶段,主要工作是根据项目计划和批复的试验大纲与方案,在被试产品到场、试验技术与资源到位后,拟制试验计划并得到批复。五是一体化试验任务实施阶段,主要工作是根据试验计划,进行试验任务的现场准备与现场实施,重点是过程控制和风险处理。六是试验结果的评定与上报阶段,主要工作是进行数据处理、鉴定分析、结果上报、资料结论归档,并完成项目组总结报告等。

2.4.3　一体化试验鉴定的组织管理机制

一体化试验组(ITT)可设立多个试验小组,为推进一体化试验鉴定提供组织保障,其组成和任务如图 2-11 所示,其主要职责是制订并管理一体化试验鉴定总案和一体化试验鉴定主计划,设计通用的试验鉴定数据库,推荐项目的"责任试验组织"和"参与试验组织",确定项目的试验鉴定资源要求,协调各试验小组共同实施一体化试验鉴定的各项工作,协助采办和需求部门制订与项目有关的策略和计划。

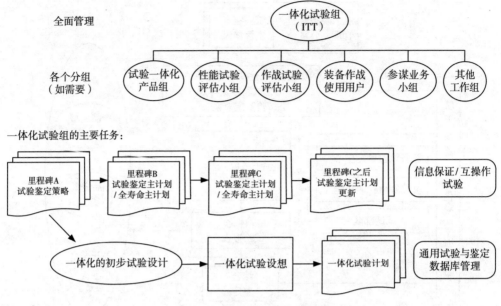

图 2-11　航天装备一体化试验鉴定项目组的组成和主要任务

第 3 章　航天装备一体化试验鉴定的流程分析与设计

本章主要结合航天装备建设的特点,先探讨航天装备试验鉴定的一般工作内容,接着对美国航天装备一体化试验鉴定的流程进行详细分析,在此基础上,探索设计航天装备一体化试验鉴定的流程。

3.1　航天装备试验鉴定的工作内容

3.1.1　初期作战评估

初期作战评估主要对航天装备可能存在的作战效能和适用性缺陷进行预测,对有关性能、效能指标体系完整性和指标的可测性、可试性等进行评估。初期作战评估的主要任务是通过实验仿真、分析预测等活动,评估新研航天系统的军事需求分解情况、制订试验目标并建立试验鉴定总体策略。初期作战评估由航天装备试验鉴定管理部门组织,由其明确的军方试验鉴定总体单位主导,会同承试单位、研制生产单位、军事代表机构等,组织开展初期作战评估。通常在装备研制立项综合论证至装备工程研制前实施,即开始于装备需求分析、技术方案分析和先期技术开发阶段,可能持续到装备系统集成期间,并与装备研制立项综合论证、装备研制总要求论证、装备试验初步方案论证和装备试验总案论证等同步迭代开展。

初期作战评估属于作战试验范畴,是军方试验鉴定工作早期介入、全寿命周期控制的重要体现。对于重要新研航天装备,通常需要开展初期作战评估。由于初期作战评估处于装备研制论证期间,未形成具体的实物装备,初期作战评估一般应由具备相应资质的试验单位具体实施,如军工企业、装备研制论证部门、装备试验论证单位等。

3.1.2　装备试验总体论证

装备试验总体论证是对装备性能试验、作战试验、在役考核、鉴定定型安排以及试验保障条件等进行的统筹设计。试验总体论证是解决试验鉴定工作分段管理、多头管理、低层次重复、数据共享困难、试验数据不充分、鉴定结论可信度低等问题,建立试验鉴定"全寿命周期统筹、试验分散实施、鉴定综合权威"整体运行模式,提高试验鉴定的效率的先进管理方法和技术手段。

装备试验总体论证包括装备试验初步方案论证和装备试验总案论证。装备试验总案是装备试验初步方案的发展和深化,在新研系统立项综合论证阶段形成的装备试验初步方案还只是理想的、宏观的装备全寿命周期试验方案初步设计,其操作性、约束性不强,随着系统论证的不断深化,进入研制总要求论证阶段,新研系统的使命任务、技术体制、组成结构、战术技术指标、作战能力指标及进度节点等进一步明确,装备试验初步方案逐步演化为责任分工明确、可操作实施、约束力强的装备试验总案。

3.1.3　中期作战评估

中期作战评估主要对装备潜在作战效能、作战适用性和体系适用性等进行预测评估,提出可用于作战试验评估的性能试验项目、数据采信策略等。中期作战评估主要任务是通过解析计算、实物半实物仿真、样机试验等活动,对航天装备潜在作战效能和适用性等作战能力指标进行早期评估,即好用、管用、实用、耐用,预测系统满足用户需求的潜力。中期作战评估由航天装备试验鉴定管理部门组织,由其明确的承试单位会同总体单位、研制生产单位、军事代表机构等,组织开展中期作战评估。通常,在装备工程研制后、状态鉴定前,特别是装备系统集成至性能鉴定试验结束期间,由军方承试单位牵头组织,并与性能试验同步或结合开展中期作战评估。

中期作战评估也属于作战试验范畴。对天基航天装备而言,可理解为地面作战试验或作战试验考核前移,在装备研制的早期就尽可能将装备放在真实作战背景和真实作战环境中进行考核,力争在产品设计、研制阶段即能发现和解决与作战效能、作战适用性不协调的能力缺陷,动态实时纠偏,迭代推动产品优化设计,避免装备先天不足、上天难补,达到天基装备入轨前地面大闭环试验、入轨后快速评估的目的,降低装备采办风险。因为"事后(上天)"才开展作战试验往往是灾难性的,试验中暴露出问题往往需要设计更改,而系统已完成研制,设计更改的成本难以承受或根本无法更改。实际上,无论初期作战评估还是中期作战评估都是在系统研制过程早期实施的作战试验。通常,对于重要新研航天装备,在正式作战试验之前的各工程研制阶段都需进行若干次作战评估,从作战应用的角度、非技术的角度对研制中的装备进行持续评估,为概念决策、里程碑 A(技术开发,即将授予技术开发阶段合同)、里程碑 B(系统研制,即将授予工程与制造开发阶段合同)、里程碑 C(承诺生产,即将授予生产与部署阶段合同)、样机研制、建造批准、出厂决策、发射决策等更多的航天装备研制关键决策提供支持,提高试验鉴定的效率。因为决策支持是试验鉴定的基本属性,若是对装备研制过程决策的贡献率低,则没有价值。

3.1.4 性能试验——状态鉴定

性能试验鉴定由航天装备项目计划管理办公室(包括一体化试验项目组)规划与监督,试验主要参与方为装备研制方、装备性能试验鉴定机构和靶场。在早期研制阶段,性能试验主要由装备研制方实施,航天装备项目计划管理办公室及相关机构进行监督;后期由装备性能试验鉴定机构和靶场负责。在航天装备一体化试验项目组成立后,根据装备类型选定某性能试验机构作为该项目的性能试验牵头机构;装备性能试验鉴定机构和靶场在一体化试验鉴定主管的指导下实施该项目的性能试验鉴定。试验主管负责制订"一体化试验鉴定计划"中的性能试验鉴定计划,管理试验经费,协调试验资源。装备性能试验鉴定机构和靶场依据"一体化试验鉴定计划"制订详细的性能试验实施计划,组织实施并提供结果报告。

3.1.5 作战试验——列装定型

作战试验是在近似实战战场环境和对抗条件下,对装备完成作战使命任务的作战效能和适用性等进行考核与评估的装备试验活动。作战试验主要依托部队、军队装备试验基地、军队院校及科研机构等联合实施,验证装备完成规定作战使命任务的能力,摸清装备在典型作战任务剖面下的作战效能和适用性底数,并探索装备作战运用方式等。作战试验结论是装备列装定型的基本依据。

3.1.6 在役考核——改进升级

在役考核是一项持续性的装备试验鉴定活动,针对不同关注问题,可在装备列装到退役全程多次开展。在役考核主要依托列装部队、相关院校结合作战、正常战备训练、联合演训及教学等任务组织,或针对装备专项问题专门组织。在役考核结论是装备后续采购决策、装备改进或改型的基本依据。

3.2 美国航天装备一体化试验鉴定的流程分析

美军航天装备试验鉴定的程序分为宏观层面和微观层面。宏观层面主要从航天装备采办程序角度,描述试验鉴定工作对采办关键决策点的支撑;微观层面主要针对具体的采办决策点描述试验鉴定的活动步骤。

3.2.1 宏观试验鉴定程序

美军航天装备采办程序划分为以下五个阶段:① 里程碑 A 前的概念研究阶段;② 概念开发阶段;③ 初步设计阶段;④ 完成设计阶段;⑤ 制造与使用阶段。其中,关键决策点包括里程碑 A、B、C、建造批准、出厂决策、发射决策等。

(1) 里程碑 A 前的概念研究阶段(图 3-1)

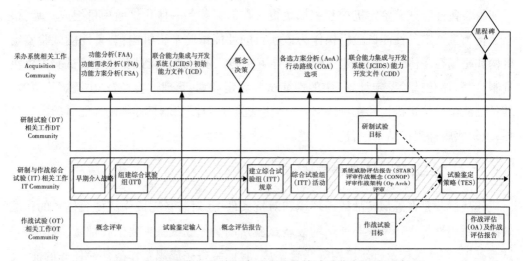

图 3-1　里程碑 A 前的概念研究阶段的试验鉴定相关活动

在里程碑 A 前的概念研究阶段,研制与作战综合试验相关组织(Integrated Test Community)建立综合概念组(Integrated Concept Team,ICT),并制定早期介入战略。其中,早期介入战略是将通用模型进行裁剪以适应特定的项目,裁剪一般会考虑要求的决策点设置、研制与试验活动等。随后,研制试验组织机构和作战试验组织机构成员组建 ITT 制定其章程或规章。ITT 将在整个试验鉴定工作中扮演极其重要的角色。当 ICT 完成采办程序中的功能方案分析(FSA)、制定初始能力文件(ICD)草案后,ITT 会对预定的概念进行评审,判断系统概念是否可以满足战略指南中规定的任务需求,并编制概念评估报告。概念评估报告是支撑采办程序中概念决策的文件之一。

当采办程序进入方案定义阶段时,ITT 将参与备选方案分析(Analysis of Alternatives,AoA)和行动路线(Course of Action,COA)的制定。ITT 为 AoA 的制定提供备选评估标准、作战效能和适用性的衡量方法以及每个备选方案可能面临的作战环境。当采办系统制定 AoA 和 COA 后,ITT 综合研制试验目标和作战试验目标制定试验鉴定策略(Test and Evaluation Strategy,TES)。随后,ITT 将开展作战评估(Operational Assessment,OA)并编制 OA 报告。OA 客观地提供每种备选方案可能的作战效能和适用性、每种备选方案与任务需求间的差异、AoA 和 COA 提出的全部试验项目,但 OA 不提出任何选择备选方案的建议。此 OA 报告直接支撑里程碑 A 决策。

(2) 概念开发阶段(图 3-2)

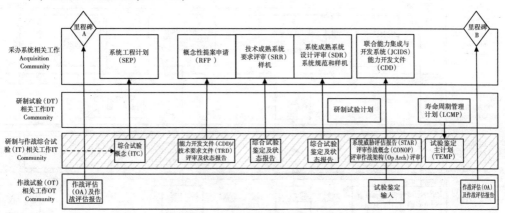

图 3-2　概念开发阶段的试验鉴定相关活动

在里程碑 A 后至里程碑 B 的概念开发阶段,采办系统完善采办概念,系统的技术与功能逐渐成熟。同时,ITT 完善试验鉴定策略(TES)并建立综合试验计划(Integrated Test Plan,ITP)。随后,采办系统会将作战要求转换成一系列的技术要求,以作为提案申请(Request of Proposal,RFP)。同时,ITT 对能力开发文件(CDD)向技术要求文件(TRD)进行转换完整度评估,将作战要求转换为技术要求并作为系统设计的输入。采办系统在系统要求评审(System Requirement Review,SRR)和系统设计评审(System Design Review,SDR)过程中分别建立样机,ITT 分别对上述样机进行研制与作战综合评估(Integrated Test Assessment,类似于 OAs),以评估潜在的作战效能、适用性和满足任务需求的程度,且通过早期试验提出其他作战中可能遇到的问题,并编制状态报告(Status Report)。

ITT 将研制初步的 TEMP。初步的 TEMP 形成后,ITP 将作为 TEMP 中的一部分。最终,ITT 将开展 OA 并编制 OA 报告。此 OA 报告直接支撑里程碑 B 决策。

(3) 初步设计阶段(图 3-3)

在初步设计阶段,采办系统通过一系列的设计评审和技术验证不断完善系统设计。ITT 完善 ITP 并更新 TEMP 和 IOT&E 计划,提出采用诸如通过实验室试验或热真空试验等传统研制试验如何完成作战试验目标的要求或方法。

研制方通过技术验证评估系统中的单机设备。ITT 为系统项目办提供状态报告,包括潜在的作战效能、适用性和满足任务需求的程度,以及其他作战中可能遇到的问题。此状态报告中对实际作战架构中的本系统与大系统接口要求进行评估。作战试验机构(Operational Test Agency,OTA)在初步设计评审后开展 OA,并形成 OA 报告。此 OA 报告直接支撑里程碑 C 决策。

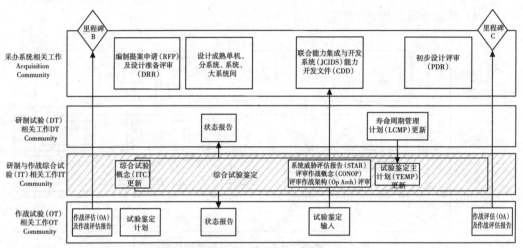

图 3-3　初步设计阶段的试验鉴定相关活动

若采办系统允许承包商延长采购时间,则 OA 还应包括对这些还未采购的产品进行作战评估。

(4)完成设计阶段(图 3-4)

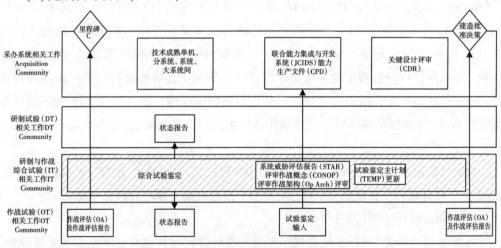

图 3-4　完成设计阶段的试验鉴定相关活动

在完成设计阶段,即最终的设计阶段,采办系统完善系统设计并由 ITT 组织实施一系列以降低系统风险为目的的试验,包括单机试验、分系统试验、作战系统试验等。由

ITT 编制状态报告,通过状态报告建立试验方与研制方的联系。通过关键设计评审(Critical Design Review,CDR)后,作战试验机构(OTA)开展 OA,并形成 OA 报告。此 OA 报告直接支撑建造批准决策。

(5)制造与使用阶段(图 3-5)

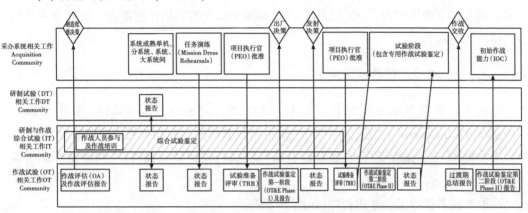

图 3-5　制造与使用阶段的试验鉴定相关活动

　　建造批准后,采办系统开始制造最终的系统,并展开一系列试验与检验活动。随后系统转入作战试验鉴定第一阶段(OT&E Phase Ⅰ)。在 OT&E Phase Ⅰ中,ITT 参与试验,最大限度地利用研制试验工作和信息以满足作战试验鉴定的目标,编制状态报告,告诉研制方在制造的系统是否满足规范要求,同时告诉作战相关部门系统是否满足作战要求。通过 ITT 的状态报告连通研制方与用户。在获得项目执行官批准和试验准备评审(Test Readiness Review,TRR)后,将系统置于在地面可重复的模拟作战环境中进行作战试验鉴定,并编制 OT&E Phase Ⅰ 报告,直接支撑出厂决策(Consent to Ship decision)。OT&E Phase Ⅰ综合考虑了试验结果和系统在实际作战架构中的状态。例如,OT&E Phase Ⅰ报告中也许会强调卫星已完成了发射准备,但地面段在两年内无法完成建造,所以建议卫星推迟发射。

　　在出厂决策后,系统运输至发射场后加注,开始最终的集成与通信试验。通过综合试验,最大限度地利用研制试验工作和信息以满足作战试验鉴定的目标,解决系统与其他大系统兼容性试验过程识别的技术问题。最后编制状态报告,并直接支撑做出发射决策。

　　系统经过发射和在轨测试后,作战试验机构将采用真实作战环境。在项目执行官批准后,系统将进入作战试验鉴定第二阶段(OT&E Phase Ⅱ)。OT&E Phase Ⅱ主要解决的问题包括:以往的综合试验给出的结果是否可证实系统能在空间作战环境中成功完成任务、大系统间的协同,是否呈现了真实的作战架构。AFOTEC 与用户作战试验阶段结合开展 OT&E Phase Ⅱ,以保证为作战人员提供完成任务的能力。完成 OT&E Phase Ⅱ和用户作战试验阶段时,AFOTEC 编制过渡期总结报告,直接支撑作战验收决策(Operational Acceptance Decision)。过渡期总结报告一般比较简短。

最终,AFOTEC 发布作战试验鉴定报告,向作战试验鉴定主任(DOT&E)提供全部试验分析与结果的详细内容,以支撑 DOT&E 向国会提交的初始作战能力决策和未来系统升级决策的报告。

3.2.2　微观试验鉴定程序

航天装备微观试验鉴定程序是指采用一套"计划—预测—试验—对比(Plan - Predict-Test-Compare)"理论,针对每一采办阶段具体的试验而开展的迭代活动,划分为六个步骤:①确定试验目标;②试验前分析;③试验;④评估和报告;⑤判断试件是否满足用户要求;⑥改进或修正。

航天装备微观试验鉴定程序,如图 3-6 所示。

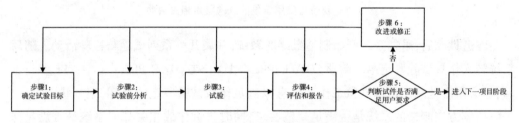

图 3-6　航天装备微观试验鉴定程序

(1)确定试验目标(Plan)

确定试验目标的工作内容主要包括:组建综合产品小组(IPT)、明确试验项目内容、制定试验要求和试验保障要求。首先组建 IPT,IPT 必须由用户、承包商、系统项目办(SPO)的项目经理、SPO 工作人员、客户咨询(SFTC)办公室、试验责任机构(RTO)的试验经理,以及其他参与研制和作战试验的组织机构的代表等组成。

确定试验目标的输入文件主要包括:任务需求书(MNS)、作战要求文件(ORD)/要求相关矩阵(RCM)、运行模式(CONOPS)、系统威胁评估报告(STAR)、成本和作战效能分析(COEA)、设计和性能规范、系统成熟度矩阵(SMM)、综合后勤保障计划(ILSP)等。

通过这些输入文件,支撑 SPO IPT 的研制方、用户和试验组织人员(研制和作战)为系统制定详细的系统规范和试验要求。空间客户咨询(SFTC)办公室是初始 SPO IPT 的重要成员且能够提供早期试验计划的专业建议。SFTC 将推荐一个恰当的 RTO。RTO 一旦被 SPO 选中,将担任试验计划的责任,SFTC 在保障 IPT 方面将继续充当咨询顾问的角色,并帮助获取当前还不能实现的一些必要的试验能力。

　　SPO 的 IPT 人员应解决以下问题:IPT 是否已经很好确定与定义了用户要求或试验型项目的目标? 是否基于对任务、工作项目、性能要求的理解,建立了试验目标? 在技术方面和作战方面必须解决的问题是什么? 试验目标是否可测? 哪些高风险领域需要特殊关注? 试验目标是否反映了预计的系统成熟度(即本项目定义的系统成熟度矩阵)? 决策者需要哪些试验鉴定信息? 试验目标是否覆盖本项目采办各阶段的进阶标准?

　　确定试验目标还需要回答的特定试验鉴定问题包括:系统成熟度阶段要求做哪些试验来满足决策者的需求信息? 哪些是特定的、可测的试验目标? 什么试验方法最能实现这些目标? 试验点是什么? 对于系统,可预测到什么试验结果? 需要使用或研制什么样的分析工具? 评估系统性能需要什么类型和数量的数据? 必须做的试验和评估活动需要多长时间、需要什么资源? 必须回答和确定是什么、在哪儿、由谁、怎样执行、什么时候和为什么要做这些试验,这些试验的成本以及与综合试验、整个项目进度安排的关系。

　　确定试验目标的输出为:试验鉴定主计划、综合后勤保障计划更新、建模仿真能力、数字化系统模型、试验鉴定记录、用于建立详细试验计划的信息等。

　　(2)试验前分析(Predict)

　　实验前分析的工作内容主要包括:系统性能预测、解决试验技术问题、试验鉴定资源能力与计划分析、系统设计功能性能评估。试验前分析重点部署和明确试验概念,并且假定和选择高效费比和最可行的试验选项来实现确定试验目标中的试验目标。可行性选项必须从技术角度可实现、可获得,且必须认可和遵守安全性、环境和协议要求。

　　实验前分析必须要回答的问题包括:希望系统实现什么? 哪些点具有最高的失败可能性? 试验时怎样才能呈现最佳性能? 系统何时会超出公差?

　　一旦确定试验方法,在进行单个试验的安全、环境、成本和进度确定时,应考虑备选的试验设施和组织机构。在配合需求方进度安排时,保障组织必须创建和提供用于计划和批准的相关信息;必须向空间客户咨询说明试验保障能力存在的不足点,以便确定备选方案或规划建立新能力(设施等)预算。当所有的关键试验保证问题得到解决后,应与参与的组织机构和设施机构签订单个保障协议,以明确各方角色与责任;必须提供保障资金;必须形成详细试验计划和程序,并由参与方进行试验程序预演。

　　实验前分析需要额外回答的问题包括:独立的详细试验计划能否明确所有相关角色、责任和任务? 是否形成详细的试验程序并得到充分的预演? 试验鉴定组织是否具备资格且使用了恰当的设备来计划和实施试验? 计划的试验能否回答主要的试验目标? 试验能否重点突出系统能力? 是否收集和分析了需要的试验数据? 在什么时间、以什么方式、由谁向谁汇报试验结果？试验执行者、试验经理和当地试验设施安全责任方是否在所有可预见的条件下，对各方的角色和责任形成了清晰的认识？

试验前分析完成时，试验人员应获得实际试验中需要的所有详细信息。详细的试验计划是有序、高效进行试验的必要条件。在用户要求转换为试验目标时，确定试验目标已经完成了真实的试验计划。试验前分析主要针对与确定试验目标形成的目标中相互关联的特定领域选择试验方法。早期试验重点是分析（辨识）不确定领域的问题，从而尽早进行改进和保持较低成本。当详细试验活动被确定、概念化和定价时，将进行最佳选择和形成详细的计划文件。在试验执行前还应形成安全性、安全措施和环境文件。

（3）试验（Test）

试验的工作内容主要包括：试验准备和试验执行。试验执行者必须在开始执行试验前确保一切准备就绪。接下来就是计划的试验进度的项目清单。试验管理者应该对停止或推迟试验的条件有全面了解。在决定开始试验或不开始试验之前，应对这些条件进行谨慎、频繁地监测。

试验必须回答的典型问题包括：所有的参与方是否做好了保障准备？所提供的环境条件是否与要求一致？是否所有试验项目已经做好试验准备？是否其他试验设施设备已经做好保障准备？是否所有保障仪器系统已经准备就绪且能够保障？是否在恰当时机做好应急计划和预案？是否所有参与方理解整个方案和目标？是否所有参与方都已经就位？是否根据试验程序建立了通信机制？有关试验程序的最后一次变化是否已得到试验经理的批准且被所有参与方理解？试验前的准备工作是否按计划进行了监测和预报？

一旦确定开始试验，试验执行者应仔细监测事件并在紧急事件或没有预测的研制中指挥参与方。试验经理能够按要求指挥试验执行者。在开始试验前应建立整个试验的"指挥链"且被理解。全部试验程序的预演将对决策者做出决策提供极大的支持。

（4）评估和报告（Compare）

评估和报告的工作内容主要包括：试验结果与预测结果进行比对、故障辨识和报告、制定独立试验报告、跟踪和报告试验结果。在微观层面，必须对单个试验的数据进行分析，并对单个试验目标的结果进行评估。一旦发现不同，评估必须确定出不同之处是由于试验前分析误差、试验设计缺陷或获取系统性能失败造成的。一个全面彻底的评估应考虑试验项目或系统成熟度以及其与研制方期望的成熟度增长之间的关系。有必要认真评估单个试验结果且监测整个试验过程来维持很好的管理透明度。

评估和报告需要回答下列一些问题：测量结果与预测值怎样进行对比？试验结果是否处于可接受的范围内？试验后分析是否支持预测结果与试验测量结果的对比？在

技术方面和作战方面的判断是否用于结果？需要的信息是否客观、清晰和精确地报告给决策者？必要的系统要求分析是否及时更新，且是否能够为当前的试验完成情况进行快速报告？

（5）判断试件是否满足用户需求

判断试件是否满足用户需求是基于试验者提供给决策者客观信息的决策步骤，主要工作内容就是决策是否可进入下一试验鉴定阶段。当用户、RTO、政府（研制和作战）试验组织、承包商和 SPO 共同努力时，就如同一个充分利用 SPO IPT 的成员，关于试验鉴定中描述的系统成熟度等级在里程碑评审时就不会出现任何意外。明确的用户要求会被转化为清晰的试验目标和通过明确的评估标准进行评估的试验结果。单独的试验结果将被报送给 IPT，整个试验项目结果将能构成系统成熟度满足用户文件要求的增长图。

提供保障研制信息的试验者需要回答这些问题：试验结果是否满意？试验结果是否在可接受的限制内？如果试验结果可接受，结果能否充分验证预期的成熟度级别和增强系统性能满足用户要求的自信心？技术和战术风险是否与试验性能测量在同一个可接受的级别？这些性能级别是否满足用户需求？里程碑决策是否满足出口标准？如果满足，请继续推进。如果不满足，决策者应引导项目进入改进—修正循环。在一些情况下，新系统不能满足预期结果，但对当前领域系统的战术改进有很大作用。这种情况下，决策者可以先部署系统，同时推进项目在下一步中纠正问题。

（6）改进或修正

改进或修正是当需要进行修正时开展的迭代、循环过程，工作内容主要包括：用户要求的重新确认与修改、问题分析与反馈、纠正与改进。如果试验结果与预期结果不同，原因可能来自系统设计、试验方法、未预料到的环境因素或有缺陷的预测。分析试验数据来确定性能偏离的原因能够为决策者提供采取下一步行动的所需信息。

改进或修正必须回答下列问题：什么必须改变或明确？谁必须采取纠正行为？如果系统满足或超出预计性能目标，这些目标是否仍然代表用户需求？本步骤包括任何必要的改进空间系统设计、修正有缺陷的试验方法、寻找或确定建模与仿真以及其他预估模型中的误差、改进或修正提供预计信息的试验设计等行为。

3.3 航天装备一体化试验鉴定的流程设计

3.3.1 设计总体思路

美国国防部从 2003 年颁布的文件《国防采办系统的运行》中明确提出,全面推进武器装备一体化试验鉴定的要求,国防部和各军种也据此制修订了相关试验鉴定文件;之后 2013 年 1 月,在国会收到的《2012 财年作战试验与鉴定报告》中,又再次强调要着力推进一体化试验鉴定;直至 2020 年 9 月美国国防部发布的《试验与鉴定》再一次强调了一体化试验鉴定的地位和重要性。

一体化试验鉴定思想,作为试验鉴定的新发展方向已经得到了较多国家的认可。一体化试验鉴定的核心是数据,关键却在于管理,它不是一种新的试验方法,是一体化理念在试验鉴定中的具体应用,是对现有试验鉴定流程、管理机制、评估方法的有机结合与合理调整。

本节将对航天装备的一体化试验鉴定模式流程问题展开研究,主要针对航天装备一体化试验鉴定适用对象、工作内容、组织方式和实施流程进行设计。采取将理论研究与需求研究相结合,定性分析与定量分析相结合,针对航天装备一体化试验模式的试验框架、组织框架、试验流程等若干实际问题,构建航天装备一体化试验鉴定模式的试验框架和组织框架,提出航天装备一体化试验鉴定的模式流程。

3.3.2 航天装备一体化试验鉴定的适用对象

经梳理分析并参考美军做法,航天装备可分为航天器类、运载器类、样机装备类、地基动能装备类和地面支持类五大类。

航天器类主要包括各类在太空按天体运行规律沿一定轨道运行,主要执行侦察、通信、导航、作战等任务的航天器。试验特征是试验子样少、技术状态变化快、长期在轨运行、在轨发现问题难以改进、试验成本及风险高。

运载器类主要指能把航天器及其他载荷送到太空预定轨道,以及把有效载荷从太空带回地面的运输工具。试验特征是有一定试验子样、技术状态相对稳定、工作周期短、可持续迭代改进。

样机装备类主要是指地基定向能、轨道转移器、空天飞机等争夺制天权的太空战武器装备,该类装备相关部队不负责预研,但作为潜在用户参与研制过程。试验特征是部分属样机战略,研产试战结合,未来会批量装备部队。

地基动能装备类主要是指地基动能、电子对抗装备。试验特征是有批量需求、技术状态相对稳定、可持续迭代改进。

地面支持类主要包括太空态势感知、测控、测发、指控、运控等对太空作战提供支持保障的装备。试验特征是在地面执行任务,多为非标、单台(套)研制,部分装备有一定批量,试验可重复迭代,试验成本相对较低。

目前航天专用装备共分为六大类,即天基信息支援装备、太空态势感知装备、太空攻防对抗装备、航天发射与回收装备、跟踪测量与控制装备和支持保障装备。根据装备自身及其试验特征,不同类型航天装备试验鉴定样式可以适用同一种试验鉴定的流程和要求。

航天装备一体化试验的适用对象主要指由军队有关部门审批立项的列装装备,一般包括直接担负作战和作战支援任务的航天装备,以及兼顾作战/作战支援和试验的装备。同时部分采购装备也必须开展试验鉴定,航天装备子样少、技术状态发展变化快、单装价值高昂,通常采用不同其他军兵种的渐进式采购模式,如部分空间装备虽属采购系列,但相较同型科研装备进行了状态调整,必须进行充分试验方能交付部队,且对于小子样装备,能够有效增加试验子样提高试验置信度,为后续改进优化进一步积累数据,降低系统整体采办风险。

3.3.3　航天装备一体化试验鉴定的工作内容

试验鉴定是航天装备采办中的重要组成部分,贯穿于装备采办全过程,是各采办部门进行管理与决策的基本依据。根据新时期武器装备的试验鉴定特点,试验鉴定主要分为性能试验、作战试验和在役考核三大类。性能试验鉴定主要考核武器装备的技术性能,鉴定武器装备是否达到性能设计指标;作战试验鉴定则考核武器装备的作战使用性能,包括作战效能、作战适用性和生存能力,鉴定武器装备在真实战场环境下的作战能力;在役考核主要考核装备的适编性和经济性等。

根据新时期航天装备的试验鉴定过程,将其分为装备方案分析、方案技术开发、工程与研制开发、完成设计与部署、使用与保障等 5 个阶段,并在技术开发、工程与研制开发、完成设计与部署阶段前设立了 A、B、C 三个里程碑决策点(图 3-7)。在航天装备的采办管理过程中,性能试验鉴定和作战试验鉴定交叠进行,在采办各阶段根据所承担任务发挥着不同的作用。

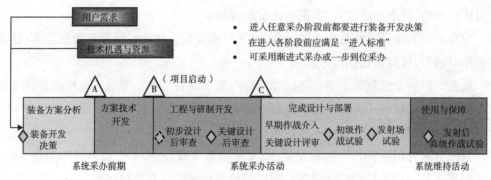

图 3-7　航天装备一体化试验鉴定的阶段划分

(1)装备方案分析阶段的一体化试验鉴定

装备方案分析阶段始于装备开发决策审查(即装备正式进入采办阶段的节点),到里程碑决策点 A 结束。

(2)方案技术开发阶段的一体化试验鉴定

在方案技术开发阶段,一体化试验小组继续细化试验鉴定策略,并拟制一体化试验鉴定计划。一体化试验鉴定小组可以对航天装备样机进行评估,以鉴定其潜在的作战效能与作战适用性。

(3)工程与研制开发阶段的一体化试验鉴定

在工程与研制开发阶段,一体化试验鉴定小组将进一步细化试验鉴定方案,并对工程与研制开发阶段的"试验鉴定主计划"进行修正更新,重点说明在性能试验鉴定活动中,如实验室测试或内场仿真试验,如何使一些作战试验目标得到满足的细节条件。

(4)完成设计与部署阶段的一体化试验鉴定

在完成设计与部署阶段,航天装备必须经过一系列的风险降低试验,内容包括从单元试验、分系统试验、分段试验、作战系统试验,直到最后的体系试验。一体化试验鉴定小组的工作囊括了所有的试验活动,其提交的状态报告为航天装备的关键设计评审提供指导与支撑。

(5)使用与保障阶段的一体化试验鉴定

航天装备发射后就那些在轨试验与校验,一体化试验鉴定小组的作战试验团队参加早期轨道运行与探测器校验,最大限度地引入作战真实场景、背景与规程。在使用与保障阶段,将在空间作战环境中最后验证整个系统的性能,与早期一体化试验鉴定结果进行比较,并确认一体化系统的作战能力。

(6)航天装备一体化试验鉴定总体安排

图 3-7 给出了航天装备一体化试验鉴定的阶段划分,进一步地,本节研究提出航天装备全寿命周期一体化试验鉴定工作的总体安排,如图 3-8 所示。

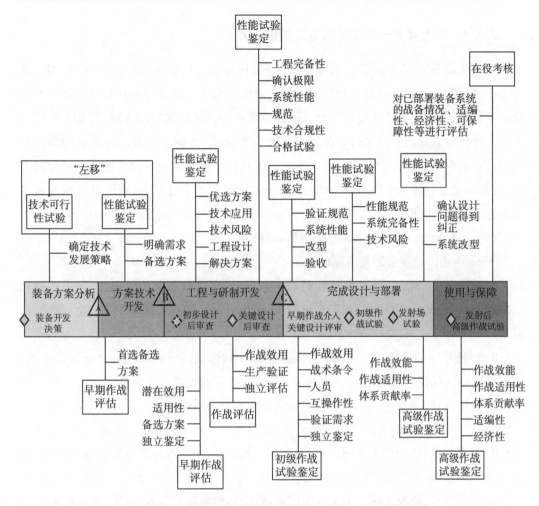

图 3-8　航天装备全寿命周期一体化试验鉴定工作的总体安排

借鉴美军一体化试验鉴定的经验,在航天装备提出研制计划后,由航天系统部组织参研各方成立计划管理办公室,统筹整个型号的研制计划。在计划管理办公室试验鉴定主管的领导下,成立试验鉴定一体化产品小组,即试验规划/一体化工作组,成员主要包括:作战试验部门、性能试验部门、试验保障机构、作战使用用户以及将通过试验保障或通过实施、鉴定或报告试验而介入试验鉴定工作的其他组织机构。该小组的职能是促进试验专门技术、仪器仪表、设施、仿真和模型的应用,明确一体化试验要求,加速"试验鉴定主计划"的协调过程,解决试验费用和进度问题,提供一个保证装备系统试验鉴定工作协调进行的平台。

3.3.4 航天装备一体化试验鉴定的组织方式

航天装备系统组成规模大、技术复杂、研发周期长,且发射后即运行在严酷的空间环境中,对现代信息化作战影响深刻。因此,对航天装备作战效能和作战适用性的一体化试验鉴定,是航天装备建设全寿命管理的重要内容。经过多年的实践,目前美军已经形成一些比较成熟的全面推行一体化试验鉴定的做法,为航天装备一体化试验鉴定的组织模式提供了很好的借鉴。本节在确定一体化试验鉴定的基本原则理念与目标的基础上,提出成立一体化试验鉴定小组、制定一体化试验鉴定计划、重视一体化试验鉴定沟通协调、着重从建模与仿真等技术入手等一体化试验鉴定的组织方式方法。

(1)一体化试验鉴定的基本原则与基本目标

① 一体化试验鉴定的基本原则。

a. 试战结合,试训一体。坚持作战需求牵引,树立试验服务作战理念,突出实战化试验鉴定,科学试验、大胆试验、安全试验,不断提高对部队备战打仗和实战化训练的贡献率。

b. 特色发展,分类施策。准确把握通用要求和航天装备特点规律,区分装备类别、鉴定层级、研制阶段、试验样态、考核重点,针对性制定航天装备试验鉴定的程序方法。

c. 一体设计,关口前移。坚持贯穿航天装备发展全寿命,按照"边建、边试、边用、边形成能力"要求,充分结合现有里程碑节点,前移试验科目,统筹设置、一体实施。

d. 问题导向,推动改进。用试验验证,靠数据说话,切实找准装备缺陷,推动装备升级改进,牵引装备论证、研制生产、使用管理和作战运用,促进装备发展更加科学高效。

e. 军民融合,资源共享。加大各类试验资源、试验数据在军地、院所、系统间共享力度,充分利用有限试验子样,实现军地优势互补,推动深度融合、共建共用。

② 一体化试验鉴定的基本目标。

航天装备一体化试验鉴定的技术实现途径是"一次试验,多方共享,全程共享"的数据共享,从而实现"节约试验鉴定经费、缩短研制周期、降低采办风险、提高试验鉴定效率"的基本目标。

航天装备是一个复杂的巨系统,由多个分系统、多种功能模块、多个运行分段组成,各分系统、功能模块与运行分段都要进行技术性能、作战效能试验鉴定,并在系统集成后进行体系能力试验,而所有试验活动都必须在航天装备系统发射入轨之前完成。入轨之后开展的早期在轨运行试验,重点是作战效能与作战适用性评估,为用户交付能力提供支持,因此航天装备一体化试验鉴定必须将性能试验、作战试验和在役考核有机结合,即实现"一次试验",有利于共享试验数据,缩短研发周期,提高试验成本效益,促进各类试验独立鉴定工作的开展。

另外,始终将作战效能与作战适用性作为一体化试验鉴定的重点。由于航天装备系统发射入轨之后运行在严酷的空间环境,且系统发射入轨之后不能进行缺陷纠正,而任何一个分系统出现故障都会导致整个系统功能降级或体系瘫痪。因此,从航天装备研发伊始,一体化试验鉴定就把作战效能与作战适用性作为重点,并贯穿于系统研发的各个阶段试验鉴定活动中,使得试验数据"多方共享,全程共享"。

一体化试验鉴定要考虑在不损害参试机构试验目标和责任的情况下共享试验事件,在这些事件中,单一的试验点或任务能够提供满足多个目标的数据,这里的试验点是指将预先规划的试验技术应用到被试系统并观察和记录相应情况的试验条件,用时间、三维位置和能量状态以及系统操作构型来表示。一体化试验鉴定并不仅仅是性能试验和作战试验的并行开展或结合进行,在相同的任务或者进度表上同时插入性能试验和作战试验的试验点。一体化试验鉴定将整个试验计划的焦点放在了设计、制订并生成一个能协调所有试验活动为决策者进行决策审查提供鉴定结果支持的综合性计划。

(2)基于能力的一体化试验鉴定组织框架构建

航天装备试验鉴定决策确定后,需要组织协调相关资源落实决策意图,并对落实过程实施管理和监督。这是一项承上启下的工作,是联系领导层和实施层的桥梁,关系到航天装备试验鉴定能否履行好使命,这就需要有一个精干、高效、顺畅的组织管理体系,负责航天装备试验鉴定各项工作的组织、协调、指导、管理和执行监督。

航天装备一体化试验鉴定的组织管理体系设置由航天装备试验鉴定的领导管理体制决定,与试验目的、试验规划、试验事件、试验资源等因素也密切相关。美国航天装备试验鉴定已经基本形成了一套成熟的基于项目管理理念的做法。其项目管理的做法核心理念就是基于试验目的,依托试验任务,通过试验组织管理的灵活调整,结合试验规划内容,选择并调整各自试验领域内的专家和机构制订试验鉴定主计划、执行实施和监督管理具体的试验活动。构想航天装备一体化试验鉴定的管理框架,如图 3-9 所示。

在确定一体化试验鉴定的基本原则理念与目标的基础上,在完成装备论证之后、装备方案设计之前,在能力分析中的装备战技指标初步确立后,成立一体化试验鉴定项目组。该项目组由参与试验或评估的作战试验部门、研制试验部门、试验保障机构、承试单位、院校、军事代表机构和作战使用方等组成,其主要职能为:一体化试验鉴定任务的总体计划制订、试验资源的协调规划、试验鉴定事件的组织实施和监督管理、促进试验技术发展和运用及明确一体化试验鉴定要求以及按照装备研制验收规定检验研制航天装备的综合能力(需要注意的是一体化试验鉴定组成员并不是一成不变的,在试验过程中可以根据试验需求申请更换)。一体化试验鉴定项目组的成立将试验评估参与的核心人员及部门聚集在一起,通过早期的任务规划和协调管理,探索执行项目定制化的试验鉴定组织管理模式,不断提升试验鉴定执行力,实现跨部门、跨系统的协同工作,有助于解决航天装备试验鉴定问题中的"烟囱"问题,保障一体化试验鉴定实施的高效运行,从而达到提高试验效率、节约试验经费的目的。

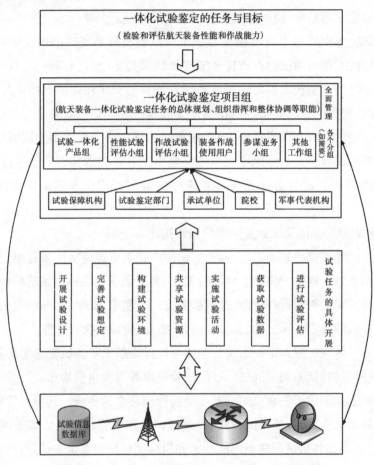

图 3-9 航天装备一体化试验鉴定的管理框架构想

航天装备一体化试验鉴定项目组应该以航天装备试验鉴定领导体制为指导、以航天装备发展论证要求为原则、以航天装备试验任务为牵引,按照项目管理的理论和核心思想组建起来。在航天装备一体化试验鉴定中遵循装备试验鉴定管理条例要求和装备质量验收相关管理规定等文件政策将复杂的航天装备试验鉴定简单化、条理化、标准化和再优化是一体化试验鉴定项目组的总体目标和行动准则,为达到上述目标离不开航天装备基于一体化试验鉴定模式的流程优化。

（3）一体化试验鉴定的实施单位

航天装备一体化试验鉴定的实施单位是航天装备试验鉴定组织管理体系的一部分。在航天装备工作现行领导体制不变的情况下，按照发挥一体化试验鉴定工作地位的需要和建立健全监督制衡权力运行体系的要求，航天装备一体化试验鉴定的实施单位构成，如图 3-10 所示。

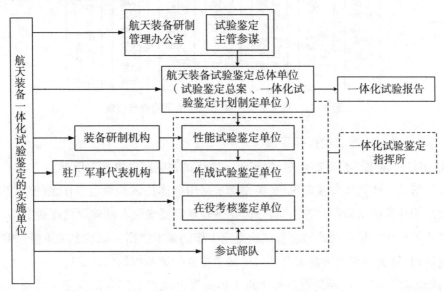

图 3-10　航天装备一体化试验鉴定实施单位

航天装备一体化试验鉴定的实施单位主要由航天装备型号管理办公室（试验鉴定主管参谋）、航天装备试验鉴定总体单位、装备研制机构、驻厂军事代表机构、参试部队、性能试验鉴定单位、作战试验鉴定单位、在役考核鉴定单位等组成。其中，由航天装备试验鉴定总体单位拟制试验鉴定总案、一体化试验鉴定计划等，并组织撰写一体化试验鉴定报告。

在航天装备一体化试验鉴定的实施过程中，通常由航天装备试验鉴定总体单位、性能试验鉴定单位、作战试验鉴定单位、在役考核鉴定单位、参试部队抽组人员组成试验指挥部（或试验指挥所），由试验指挥部（或试验指挥所）对一体化试验鉴定实施指挥。试验指挥部（或试验指挥所）通常又编组为试验任务领导小组和技术协调小组。

（4）一体化试验鉴定的参与装备

一体化试验鉴定的参与装备是指为顺利进行一体化试验鉴定任务所配置的各种设施装备的统称，也就是指实施和保障航天装备一体化试验鉴定任务的设备装备系统、信息系统和相关的配套设施设备。具体由被试装备、作战对象装备、试验指挥系统、测试发射系统、测量控制系统、通信保障系统、试验靶标系统、环境构设装备、分析评估装备、数据工程系统、配套保障装备等装备构成。将上述装备分门别类，航天装备一体化试验鉴定参与装备组成如图 3-11 所示。

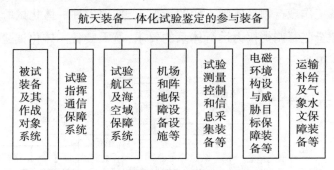

图 3-11　航天装备一体化试验鉴定的参与装备

（5）一体化试验鉴定的保障手段

① 制订一体化试验鉴定计划，为实施一体化试验鉴定提供基本依据。

为了落实一体化试验鉴定思想，美军除了采用一体化试验鉴定工作组的组织方式，还采用基于任务的试验设计方法，将一体化试验鉴定要求融入试验规划计划中。

试验规划计划是开展武器装备试验鉴定工作的基本依据，"试验鉴定策略"和"试验鉴定主计划"是美国重大国防采办项目中两个主要的试验规划计划文件。

"试验鉴定策略"主要是规范每个重大国防采办项目的所有试验鉴定活动要求，要将一体化试验鉴定的要求纳入其中。在成立一体化试验鉴定工作组之后，项目办公室一般在项目进入里程碑 A 时，就要组织一体化试验鉴定工作组编制好试验鉴定策略，并提交给负责采办、技术与后勤的国防部副部长及作战试验鉴定局长审批，作为制订"试验鉴定主计划"的基本依据。

"试验鉴定主计划"包括一体化试验鉴定计划概要、研制试验鉴定要点、作战试验鉴定要点和试验鉴定资源概要等内容，由一体化试验鉴定工作组在里程碑 A 之后、里程碑 B 之前就要制订，并在里程碑 C 和生产部署阶段进行更新修订。在制订"试验鉴定主计划"时，要加强使用部门、研制部门和试验部门之间的充分协作，综合考虑研制试验机构和作战试验机构的试验要求，在研制试验鉴定中纳入作战试验鉴定的要求，尽早开展作战试验鉴定，减少专门进行作战试验鉴定的试验项目，从而避免不必要的重复试验。

借鉴美军的先进做法和航天装备试验鉴定的体制机制，航天装备一体化试验鉴定计划的基本制订方法也采用基于任务的试验设计方法，其主要内容及流程如图 3-12 所示。

基于任务的一体化试验鉴定设计方法主要分为下述 3 个步骤，其设计流程如图 3-13 所示。其中，第一步是进行航天装备作战任务分析，主要工作是确定航天装备作战任务对试验的要求,要针对任务确定关键作战准则,将任务分解成子任务,建立试验环境。第二步是根据航天装备作战任务要求,分别制订性能试验鉴定计划和作战试验鉴定计划。第三步是综合分析性能试验鉴定与作战试验鉴定的任务要求,确定可以结合进行的试验项目,制订可共同试验的一体化试验计划;对于不能结合进行的试验项目,还要制订专门的作战试验鉴定计划;最终结合初级作战试验、高级作战试验的数据分析,对航天装备的作战效能、作战适用性等进行评估。

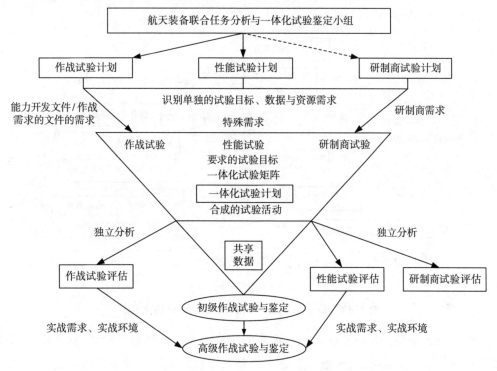

图 3-12　基于任务的一体化试验鉴定计划内容及流程

② 重视一体化试验鉴定沟通协调,确保试验鉴定工作顺利实施。

一体化试验鉴定的规划计划主要是通过一体化试验鉴定工作组的方式实施。一体化试验鉴定工作组的成员来自不同的机构,要综合考虑性能试验鉴定和作战试验鉴定问题,同时完成规定的多组试验目的。鉴于一体化试验鉴定需要解决问题的复杂性和工作组人员构成的多元性,涉及的利益方多,因此在一体化试验鉴定过程中,不可避免地会产生各种争执甚至冲突。其中,“性能试验鉴定组织”与作战试验鉴定机构之间的冲突尤其突出。因为“性能试验鉴定试验”负责的性能试验鉴定主要验证技术参数是否符合规范要求,强调试验条件可控,允许研制商参与,通常使用各军兵种重点靶场和试验设施进行,而作战试验鉴定机构则重点是解决作战效能和作战适用性问题,强调试验条件接近实战,通常不允许装备研制的研制商参与试验,强调要在作战试验机构的靶场和试验设施进行,双方经常进行争执不下。

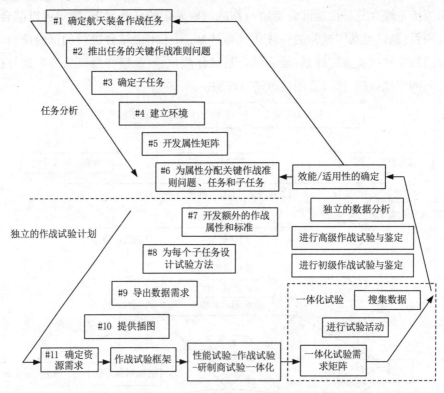

图 3-13 基于任务的一体化试验鉴定设计的流程图

航天装备研制具有前期投入成本极高的特点。大量数据与经验证明,在系统完成研制后开展试验的策略,对于航天装备来说是灾难性的。航天装备完成研制后的试验中暴露出的问题,往往需要设计更改,但由于系统已完成研制工作,设计更改在成本预算现状下无法开展。因此,需要通过制度化的一体化试验鉴定程序,研制方、用户、工业部门三方协作,前移质量控制点,将试验鉴定工作在装备全寿命周期内整体前移,并策略性地开展性能与作战综合试验鉴定,通过航天装备用户、项目办和承研单位三方协作在早期解决设计问题,可达到降低系统研制风险的目的。

为解决一体化试验鉴定过程中产生的各种冲突,保证试验顺利进行,建立 4 个层面的航天装备一体化试验冲突解决机制,如图 3-14 所示。其中,第一层是由一体化试验鉴定工作组中受到影响的成员之间讨论解决;第二层是由一体化试验鉴定工作组的所有成员讨论解决;第三层是由一体化试验鉴定工作组的领导层决定解决的办法;第四层是由一体化试验鉴定工作组的领导层提交解决方案,由更高的管理层面协调解决。

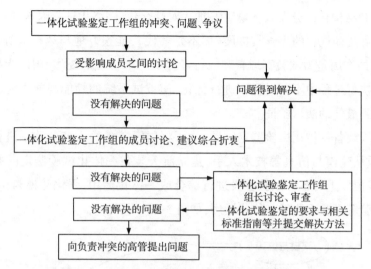

图 3-14 航天装备一体化试验鉴定的冲突解决工作流程

③ 着重从建模与仿真等技术入手,强化航天装备整体能力试验。

就被试系统整体能力的一体化试验和各种试验手段的综合运用而言,美军更侧重于技术方面。美军认为,联合作战将是未来的信息化战争中的主要作战形式,网络中心战是信息化时代联合作战的基本作战样式,为此加强联合作战能力建设,将作战关注的重心从平台转移到了网络,从根本上改变了当前武器系统的开发和部署方法,也改变了系统的使用方式。在联合作战背景下,美军正在逐步摒弃过去那种以军种为中心的试验模式,转而在联合环境中进行武器装备的研制与试验。为此,美军提出了联合作战环境下的试验鉴定倡议,发布了"联合环境下的试验路线图",要求国防部采取有效措施来推动联合环境下的试验鉴定,这将对美军未来试验鉴定乃至训练产生重要影响。

美国国防部于 2005 年启动"联合任务环境试验能力"(JMETC)计划,旨在为美军的分布式试验设施提供网络化的互操作手段与能力,使用户能在联合环境下对各种作战能力进行快速的研制和试验。"联合任务环境试验能力"计划基于"试验与训练使能体系结构"(TENA)技术开发,发展一种实体、虚拟和结构化(LVC)试验的能力。到目前为止,"联合任务环境试验能力"计划已为联合环境下的试验做了大量基础性工作,所发展的网络化基础设施,在国防部范围内建立了"实体、虚拟和结构化的分布式环境"(LVC-DE)。实施联合环境下的试验鉴定还可以提升美军未来的试验和训练能力。

美国国防部作战试验鉴定局于 2006 年启动了"联合试验鉴定方法"(JTEM)工程,为定义和使用 LVC-DE 式的联合试验环境建立相应的试验鉴定方法与规程,即"能力试验方法"(CTM),全面鉴定系统的性能和联合任务效能。能力试验方法是一种在复杂联合环境下,对系统或"多系统的大系统"进行试验规划的最佳方法与实践的集合体;是在

"实体、虚拟和结构化的分布式环境"中,加入对联合化、网络化试验因素的考虑;是对美军现有试验方法和规程的完善与扩展(而不是替代),能很好地与现有国防部试验规程共存。CTM 的作用是为试验管理者和执行者提供一个合理的规程,用以指导他们在试验的规划与执行过程中不断对程序进行优化,使被试系统的性能与能力能够在一个联合环境下得到最佳的演示验证。

针对航天装备一体化试验鉴定问题,为了将航天装备纳入装备体系进行整体能力的考核,着重从建模与仿真等技术入手,建立航天装备一体化试验鉴定的联合试验环境,并在靶场层面上对各种试验手段进行综合或一体化运用,强化建模与仿真、地面试验与飞行试验等试验手段的一体化运用,如图 3-15 所示。

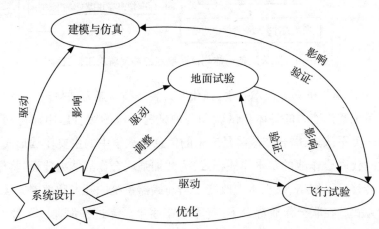

图 3-15　建模与仿真、地面试验与飞行试验等试验手段的一体化运用

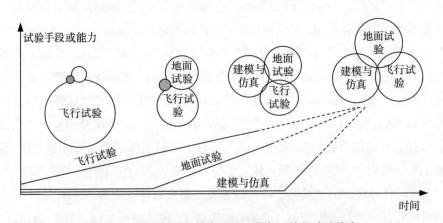

图 3-16　基于建模与仿真的航天装备一体化试验能力

基于建模与仿真的联合环境试验可将分散在军种、工业界的试验场、训练场以及实验室,通过"试验与训练使能体系结构"连接起来,形成一个统一的试验网络,为航天装

备一体化试验鉴定提供分布式、网络化"多系统的大系统"的联合试验或训练环境,如图 3-16 所示,以飞行试验结果作为基础,地面试验、飞行试验和建模仿真计算相互依赖、不可或缺,在联合环境下对航天装备的联合能力进行综合试验或训练,从而打破单一军种、单一系统、单一环境的试验或训练模式,满足联合作战条件下的航天装备一体化试验或训练需求。

3.3.5 航天装备一体化试验鉴定的实施流程

借鉴美军一体化试验鉴定的经验,在航天装备提出研制计划后,由相关部门组织参研各方成立计划管理办公室,统筹整个型号的研制计划。在计划管理办公室试验鉴定主管的领导下,成立试验鉴定一体化产品小组,即试验规划/一体化工作组,成员主要包括:作战试验部门、性能试验部门、试验保障机构、作战使用用户,以及将通过试验保障或通过实施、鉴定或报告试验而介入试验鉴定工作的其他组织机构。该小组的职能是促进试验专门技术、仪器仪表、设施、仿真和模型的应用,明确一体化试验要求,加速"试验鉴定主计划"的协调过程,解决试验费用和进度问题,提供一个保证装备系统试验鉴定工作协调进行的平台。

结合实际,考虑该航天装备的全寿命周期,可以分为广义的航天装备一体化试验鉴定的实施流程和狭义的航天装备一体化试验鉴定的实施流程两个方面进行研究。

(1)广义的航天装备一体化试验鉴定的实施流程

根据现有航天装备建设流程,广义的航天装备一体化试验鉴定的实施流程具体划分为七个阶段,如图 3-17 所示。以通信卫星为例,其具体工作流程和界面划分如下。

① 规划计划阶段。一般包括参与编制装备建设五年规划,组织编制装备试验鉴定五年规划,参与编制装备建设年度计划,组织编制试验鉴定任务计划,组织编制试验鉴定建设计划等。

② 型号立项论证阶段。一般包括参与型号立项论证,拟制装备试验鉴定初步方案,组织试验条件建设论证等。

③ 试验鉴定策划阶段。一般包括成立型号综合试验组,编制鉴定定型试验总案,确定承试单位等。

④ 装备研制阶段。一般包括参与研制过程试验,分析采信研制过程试验数据,组织关键项目补充试验,参与出厂审批等。

⑤ 基地性能试验阶段。一般包括编制性能试验大纲,组织装备性能试验,组织状态鉴定审查,批准状态鉴定,参与装备初步验收交付等。

⑥ 作战试验阶段。一般包括编制作战试验大纲,组织装备作战试验,组织定型列装

审查,批准列装定型,参与装备正式验收交付等。

⑦ 在役考核阶段。一般包括编制在役考核大纲,组织装备在役考核,提出装备改进升级意见等。

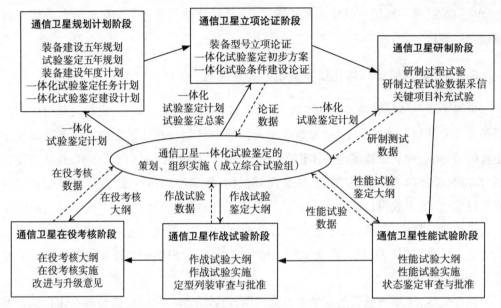

图 3-17　广义的航天装备一体化试验鉴定的实施流程

(2)狭义的航天装备一体化试验鉴定的实施流程

狭义的航天装备一体化试验鉴定的实施流程主要包括一体化试验鉴定计划、一体化试验鉴定规划与建设、一体化试验鉴定设计、一体化试验鉴定实施、一体化试验鉴定报告、综合鉴定等步骤,如图 3-18 所示。

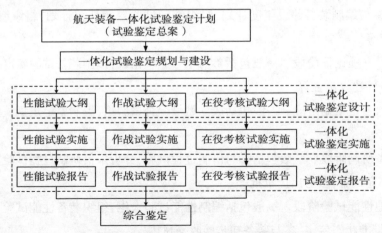

图 3-18　狭义的航天装备一体化试验实施流程

　　航天装备一体化试验鉴定小组借鉴美军"试验与鉴定主计划"建立航天装备一体化试验鉴定计划,规范一体化试验鉴定规划,对全寿命周期试验鉴定的类型、数量、进度安排、试验资源、试验事件和数据共享、建模仿真、特殊试验要求等内容进行统筹规划;充分采用顶层鉴定框架矩阵等管理技术,从关键性能参数和关键作战问题的试验鉴定要求着手,进行逐层分解细化,建立针对性强、科学合理的试验鉴定指标体系,规划试验方法、试验资源和支持相关决策。

　　① 一体化试验鉴定计划。

　　在研制之初,试验鉴定一体化产品小组最为核心的职责就是制订该型号的"一体化试验鉴定计划"。"一体化试验鉴定计划"是一份动态性、统筹性、一体化的试验鉴定活动规划文件,统筹安排了装备研制直至装备后所有的试验活动,是武器装备全寿命管理阶段试验鉴定计划的顶层文件。"一体化试验鉴定计划"将整个试验鉴定过程的进度、管理策略、管理体系以及所需的资源与关键作战问题、关键技术参数、最低性能值(阈值)、采办策略和里程碑决策点关联起来。

　　类似于美军的"试验鉴定主计划",一体化试验鉴定计划包括所有试验阶段和试验事件的进度安排、试验阶段准入和转阶段标准、试验资源需求等,由航天装备试验鉴定总体责任单位制定,主要制定过程为:在里程碑 A 决策点前的装备方案分析阶段,先形成"某型航天装备试验鉴定总案",而后在此基础上形成初步的"某型航天装备一体化试验鉴定计划";在里程碑 B 决策点前的技术成熟与风险降低阶段,形成较为完善的"某型航天装备一体化试验鉴定计划";在后续的每个重要采办决策前,对"某型航天装备一体化试验鉴定计划"进行更新。

　　② 一体化试验鉴定规划与建设。

　　成立了一体化试验鉴定工作小组后,应组织制定针对该型号装备的一体化试验鉴定总要求与试验鉴定规划,该计划要充分考虑科研摸底试验、性能试验和作战试验,并尽可能全面考虑所有试验机构的试验要求,并对一体化试验鉴定的项目安排、相关活动、所有参与机构及管理职责做出要求。

　　在装备研制工作正式开展后,将严格按照"一体化试验鉴定计划"对各类试验活动进行规划开展。一体化试验鉴定规划与建设的一般性试验流程如图 3-19 所示,具体的试验程序主要包括性能试验鉴定、作战试验鉴定和在役考核。

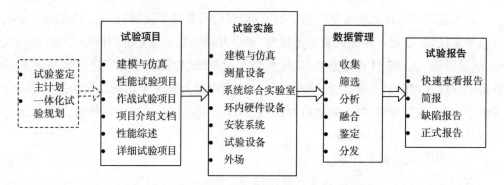

图 3-19 航天装备一体化试验鉴定的内容与流程

③ 一体化试验鉴定设计。

航天装备的一体化试验鉴定通常采用基于任务的试验设计方法,基于任务的试验设计流程和方法通常可以分为三个步骤。其中,第一步是进行航天装备的作战任务分析,主要工作是针对作战任务确定关键作战问题和作战准则,将作战任务分解成相关的子任务以及建立试验环境等。第二步是根据作战任务要求分别制定科研摸底试验、性能试验鉴定计划和作战试验鉴定计划。第三步是综合分析设计性能试验和作战试验鉴定的任务要求,确定可以结合进行的试验项目,制订可共同试验的一体化试验计划;对于不能结合进行的试验项目,还要制订专门的作战试验鉴定计划。通过这三步,最终制定出一体化试验鉴定计划。

④ 一体化试验鉴定实施。

航天装备的一体化试验鉴定实施通常可以分为以下几个阶段。

a. 在初始阶段,研制单位的研制试验事件通常具有优先权,因为必须完成关键的技术和工程试验才能继续推进工程和研发过程。在这个早期阶段,作战试验人员的参与主要是为了熟悉系统并获得任何可支持作战试验和演示可靠性增长的试验数据。更为重要的是,作战试验人员也可提供作战信息来影响早期系统设计,此时做更改还比较容易,且耗资不大。

b. 下一阶段,试验的一体化部分通常包括性能试验和作战试验共享目标或联合数据需求。作战试验的介入还将继续影响系统设计。

c. 最后一个阶段,主要包含一些有作战试验部门实施的专门的或独立的作战试验事件。作战试验部门和执行司令部必须确保一体化试验的规划和执行要符合一体化试验与鉴定计划中所确定的顶层鉴定框架,能够提供必要的作战试验信息。作战试验部门要提供对航天装备的独立评估,并最终负责实现作战试验与鉴定目标。

⑤ 一体化试验鉴定报告。

航天装备一体化试验鉴定报告按照定性分析与定量分析相结合的模式,由评估内容、评估指标体系、评估方法与模型三部分组成。其中,评估内容是评估指标体系构成、评估方法选择与模型构建的主要依据;评估指标体系是评估方法选择与模型构建的重要支撑。装备作战试验评估的主要方法有:基于因果关系的建模方法、基于数据的统计分析方法、基于仿真的模拟试验方法、基于定性推断的经验方法。航天装备一体化试验鉴定报告通常必须包括一体化试验过程中试验计划的设计、试验背景的设置、试验结果的评估等问题,其主要内容与基本步骤如图 3-20 所示。

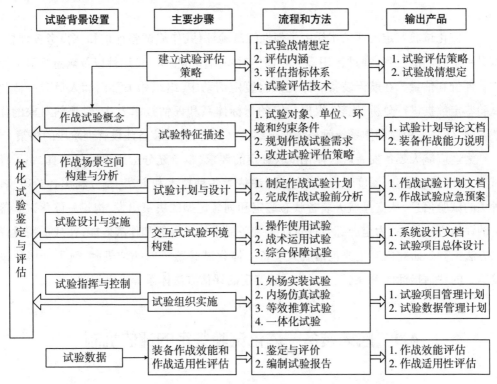

图 3-20 航天装备一体化试验鉴定与评估报告的主要内容与步骤

⑥ 综合鉴定。

一体化试验鉴定方法可提供一种有效的缩短时间和节约成本的方法,是航天装备全寿命质量管理和作战效能、作战适用性试验评估的首选方法。为了使一体化试验鉴定评估有效,需要进行广泛的合作以确保性能试验与作战试验都得到反映,一体化试验鉴定不是一个事件或单独的试验阶段,不是一个新的试验类型,而是一种试验评估理念。一体化试验鉴定不包括最早期的部件和子系统的工程测试,不一定要生成一体化试验鉴定报告,而是可能要利用同一个通用试验鉴定数据库生成多份报告,以实现对航天装备作战效能、作战适用性综合鉴定的实际需求。

第4章 航天装备一体化试验鉴定的评估方法

一体化试验鉴定的评估本质上类似性能试验评估、作战试验评估和在役考核评估，都是一个判断的过程，通过运用标准对评估对象的作战能力、可用性以及满意度等方面进行评价和估量。在航天装备一体化试验鉴定活动中，组织相关部门和人员对一体化试验鉴定数据进行分析、比较，根据一定的指标体系和评估技术方法，对评估对象的作战效能、作战适用性和体系贡献率等做出结论，以支持有关装备建设管理阶段的决策。

为适应航天装备发展对一体化试验鉴定的要求，本章充分运用建模与仿真、小子样试验、多源信息融合、深度学习、效能分析评估等各种技术和方法，充分利用各阶段、各种类的试验信息，从支撑航天装备状态鉴定和列装定型的决策出发，构建一体化试验鉴定的评估方法体系，为全面综合评价航天装备战术技术性能和作战效能、作战适用性提供方法指导。研究内容主要包括航天装备一体化试验鉴定的评估机制、航天一体化试验鉴定的评估指标体系、航天一体化试验鉴定的评估方法体系等重点问题。

4.1 航天装备一体化试验鉴定的评估机制

航天装备一体化试验鉴定评估的基本步骤包括被评估对象的作战使命和作战任务分析、评估指标体系的构建、评估模型与方法的选择、评估计算与结果的分析等。航天装备一体化试验鉴定的评估机制的建立需结合航天装备一体化试验鉴定评估的运行流程来设计，本节主要研究一体化试验鉴定的评估对象、评估时机、评估组织、评估方法、评估流程等航天装备一体化试验评估机制问题。

4.1.1 一体化试验鉴定的评估对象

通常来说，一体化试验鉴定的评估对象等同于航天装备一体化试验鉴定的适用对象，是指处于建设管理全寿命阶段、通过一体化试验鉴定设计录取相关数据、需要对有关战术技术性能、作战效能、作战适用性和体系贡献率等进行评估的相关列装航天装备。这些装备一般直接担负作战和作战支援任务,部分装备兼顾作战/作战支援和试验任务,它们的共同特征是系统比较完整、状态相对稳定、运行维持耗费较大或具有系列化、批量化的特征。

部分采购装备也可以开展一体化试验鉴定评估,这些装备由于子样少、技术状态发展变化快、单装价值高昂,也必须经过充分试验后方能交付部队。为后续改进优化进一步积累数据、降低装备的整体采办及作战使用风险,也可以纳入一体化试验评估对象。

4.1.2 一体化试验鉴定的评估时机

在航天装备一体化试验鉴定评估全过程,评估活动将围绕装备论证建设关注的重点,持续监控各个建设管理阶段关键行动的展开及其预期效果的实现情况,同时还需全面持续监控一体化试验鉴定环境的变化,尤其是不同阶段未预计到的对方、态势变化或技术变化等,为关键阶段和节点的及时准确决策提供有效的评估支撑。航天装备一体化试验鉴定评估活动的连贯性和持续性,决定了其评估活动不同于一般任务行动的评估,其评估不仅聚焦于衡量不同建设阶段的任务完成和效果实现情况,为决策管理部门在关键时节的决策提供支持,还需要在装备开始研制的较长时间内,衡量评判预期作战效能和作战适用性的阶段性实现情况,判断建设管理各阶段转换、过渡节点,为决策管理部门从整体上把握建设管理发展趋势,主动修订其构想并调整建设计划,进而实现对装备建设管理的总体塑造和影响提供支持。

在持续时间较长的航天装备建设管理活动中,可将航天装备一体化试验鉴定评估区分为两类:基于事件(具体)的评估、基于阶段性建设管理的周期评估。航天装备计划管理办公室和一体化试验鉴定小组通常贯穿于建设全寿命过程展开两类评估活动,其选择依据是建设管理阶段的作战效能和作战适用性评估需求。

(1)基于事件(具体)的评估

基于事件(具体)的评估重点解决航天装备不同建设管理阶段针对关键行动的作战效能和作战适用性评估问题,体现为基于具体作战任务剖面具体任务行动或点行动的作战效能和作战适用性评估,其评估过程需要综合运用任务、效果和时效评估指标。

基于事件(具体)的评估由战场环境中的特定任务行动事件所驱动。这类作为驱动的任务行动事件既可能是已计划的(如一体化试验计划中明确的决策点),也可能是非计划的(如装备管理阶段突发的应急任务态势)。在计划事件的情况下,航天装备一体化试验鉴定评估团队应持续监控试验环境,以判定作为触发评估的事件是否即将发生或已发生。一旦判定事件已经发生,评估团队应立即运用已有的数据信息展开评估,并提出相关的建议。相对地,对于计划外需要评估的突发事件,评估团队应在事件出现后展开评估,分析试验环境中的变化,包括当前采取任务行动后可能导致的效果,并拟制相关报告建议。

(2)基于阶段性建设管理的周期评估

基于阶段性建设管理的周期评估重点解决航天装备不同建设管理阶段针对阶段性任务或较长时段内持续展开行动的作战效能和作战适用性评估问题。

基于阶段性建设管理的周期评估,通常以固定的时间间隔展开。它既需要评估衡量按需划分的一体化试验鉴定阶段内的任务行动完成及实现特定效果的情况,又需要按某个要求的自然时间段例行展开,尤其是在航天装备主要研制或使用阶段结束期间,更需要展开此类评估活动。通过航天装备任务行动阶段的周期性评估,有助于航天装备指挥员从总体和宏观上把握装备作战适用发展变化中的规律、趋势,充分考虑任务行动中的风险和可能的战机,进而协助指挥员完善下一阶段任务行动的构想与行动规划。周期性一体化试验鉴定评估的间隔时段,将取决于装备的研制进展、指挥员的决策需要、试验环境的具体条件而各有不同。基于阶段性建设管理的周期性评估也可与基于具体行动实时评估活动结合起来,且两类评估活动应避免相互隔离独立地展开。

4.1.3 一体化试验鉴定的评估组织

航天装备的一体化试验鉴定评估对加强不同装备建设管理阶段的数据共享,提升航天装备的作战效能、作战适用性和体系贡献率评估能力,加快试验进度、节约试验经费具有重要意义,需要"建、研、战"三方密切配合、协同推进。

(1)一体化试验鉴定评估团队的职责

针对航天装备一体化试验鉴定的计划与实施,一体化试验鉴定评估团队应该履行下述职责。

① 在航天装备项目管理机关和首长的领导下,成立航天装备一体化试验鉴定小组及其下属各个小组。

② 应基于航天装备的作战使命和试验评估需求,确定关注的关键信息重点和需求以及明确的决策节点,建立典型型号航天装备一体化试验鉴定计划。

③ 应基于典型型号航天装备一体化试验鉴定计划,对航天装备一体化试验鉴定的组织模式、性能试验及作战试验实施、一体化试验鉴定资源等进行相关设计。

④ 明确何时需要了解掌握何种评估结论信息和情况,包括如何获得这些内容。

⑤ 应基于航天装备担负的使命任务和试验态势、环境,对性能试验及作战试验评估团队的评估活动(包括信息收集资源及分析资源的优化与使用、评估重点等)提供相关指导。

⑥ 向性能试验及作战试验评估团队明确对评估结果的预期,指导并确保各个评估团队与其他参谋业务团队同步协调地开展各类业务工作,强化各部门之间的协作,并消除各部门之间的冲突和壁垒。

⑦ 充分运用评估团队及各参谋业务团队、下级指挥员的评估报告,与其他任务行动参与方的讨论,及其航天装备的研制试验数据等多源历史数据,形成航天装备一体化试验鉴定结论。

⑧ 性能试验及作战试验评估等团队应该加深对航天装备一体化试验鉴定评估活动的理解,并就评估活动的相关技能进行充分的协作培训和训练,以期在航天装备一体化试验鉴定评估活动展开后有序、高效地进行各类评估活动。

⑨ 在航天装备一体化试验鉴定评估任务行动筹划一开始,必须将航天装备作战效能/作战适用性评估活动整合进任务行动的计划制订和作战过程中。

⑩ 性能试验及作战试验评估等团队必须充分理解航天装备作战效能/作战适用性评估活动的反复迭代实施的本质,在任务行动实施前检视、核实试验计划中的相关假定,从而适应试验环境的变化而灵活实施试验计划。

⑪性能试验及作战试验评估等团队编成目前没有正式的标准规范可以依据,但是试验鉴定指挥所内的各类业务团队都担负了基本的评估职能,一个较好的业务团队编成应该包括以下功能业务的代表:作战、情报、装备、后勤、通信以及其他相关利益方,这可以使得航天装备作战效能/作战适用性评估活动获得高质量的数据信息输入。

⑫明确性能试验及作战试验评估等团队编组和结构时,应该充分考虑本级担负的使命任务、需要评估的任务行动情况,以及可用于航天装备作战效能/作战适用性评估的时间(试验任务行动节奏)、资源(人员、设备和需求信息)等因素。

（2）一体化试验鉴定评估团队的灵活编组

在航天装备一体化试验鉴定评估活动中,有很多方式组织性能试验及作战试验评估等团队实施航天装备作战效能/作战适用性的评估活动。性能试验及作战试验评估等团队需要在航天装备一体化试验鉴定评估活动中,建立起综合的、反馈的机制,以适时周知试验鉴定指挥所及其相关指挥人员随时根据试验态势变化对试验行动计划、命令和指导做出必要的调整。航天装备一体化试验鉴定评估活动中性能试验、作战试验、综合演练等活动的目的、具体样式和实施过程完全不同,因而所需的评估能力和人员编组也有所差异,有时还需要调集其他领域的专家参与评估活动。在试验鉴定指挥所,如何编组配置航天装备作战效能/作战适用性评估团队是指挥员首先需要考虑的关键事宜。评估团队与试验鉴定指挥所及其相关指挥人员间的互动难易程度,乃至评估团队在跨参谋业务部门协调组织工作时的难易程度,都将显著影响航天装备作战效能/作战适用性评估工作的展开与品质。

4.1.4 一体化试验鉴定的评估方法

长期以来,对航天装备的作战效能和作战适用性进行准确评估是比较困难的,不仅因为航天装备越来越复杂,而且航天装备作战效能和作战适用性评估结果与战场环境和作战对象密切相关。由于现代战场是集陆、海、空、天、电于一体的复杂战场环境,依靠有限的一体化试验、实战演习等均难以完成对航天装备在装备体系中的实际作战效能/作战适用性和各种航天装备间协同作战能力的综合评估。本节主要研究总结航天装备的常规评估方法,并分析目前的技术方法差距。

目前,国内外用于航天装备作战能力、作战效能和作战适用性评估的常规方法主要有:有效性可信性效能(ADC)方法、基于 SEA 分析的综合评估方法、基于因子分析的综合评估方法、层次分析法(AHP)、网络层次分析法(ANP)、基于云模型的综合评估方法、灰色综合关联分析方法、多智能体(Agent)方法,随着现代智能计算的发展,还将 Petri 网、贝叶斯网络等理论引入了评估技术。

(1)有效性可信性效能方法

ADC 法是美国工业界武器系统效能咨询委员会提出的系统效能评价方法,利用三个向量或矩阵分别描述系统在作战使用过程中的可用性、可依赖性和能力,一目了然,容易理解,主要用于评估单件装备的效能。但是对于复杂的武器系统,若系统作战过程中的状态繁多且难以确定,则应用 ADC 法有一定的局限性,且最终得到的度量值没有对应的物理意义。

ADC 方法以装备系统的总体构成为对象,以所完成的任务为前提对装备效能进行评估,其主要模型是

$$E = A \cdot D \cdot C$$

式中,E——系统效能;

A——可用性(availability),系统在执行任务开始时刻可用程度的量度;

D——可信赖性(dependability),又称为可信性,系统在执行任务过程中所处状态的度量;

C——能力(capability),系统执行规定任务的能力度量。

在上述定义中,可用性 A 是向量,用武器系统开始执行作战任务时所处状态的概率描述来反映武器装备系统的使用准备程度。一般来说,系统可用状态一般由各子系统的可工作状态、工作故障状态、定期维修状态、备件状态等组合而成,武器系统可用性是可靠性与维修性的综合反映。

可信赖性 D 是矩阵,表示已知系统开始执行任务时的状态,在执行任务期间系统进入或处于任一有效状态的概率。对于执行任务期间不可修的武器系统,武器系统任务可信赖性可直接用任务可靠度来表征。

能力 C 是向量,代表系统运行或作战的能力,表示系统处于可用或可信状态下,能达到任务目标的概率。它是武器系统的性能、目标特性和作战环境的综合度量。

武器系统的可用性、可信赖性和能力都与系统的状态有关,ADC 方法就是从系统自身状态的转移和变化出发来研究系统效能的,系统的效能是系统开始执行任务时的状态、执行任务过程中的状态转移和各状态完成任务目标要求的能力的函数,所以在利用 ADC 方法之前,必须首先明确系统所具有的全部状态,然后计算系统开始执行任务时处于各种状态的概率,即可用性向量;接着计算系统以开始时的状态开始执行任务,在任务结束后处于各状态的概率,即可依赖性矩阵;进而根据各状态及状态转移所能完成任务的情况,计算系统所能完成的任务量或完成任务的概率,即能力向量;最后根据公式计算得到武器系统的效能。

① 可用性矩阵。武器系统的可用性向量表示为

$$A = (a_1, a_2, \cdots, a_n)$$

式中,a_i——武器系统开始执行作战任务时处于 $i(i=1,2,\cdots,n)$ 状态的概率;

n——武器系统开始执行作战任务时有效状态的数量。

武器系统最简单的状态是能使用与不能使用两种状态,复杂情况下会是多状态的问题,如由两套独立的具有两状态的子系统组成的系统,会有四个状态。

假设武器系统由两个分析系统 A 并联,再和一个分系统 B 串联组成,如图 4-1 所示,则该武器系统开始工作时可能出现的状态有下列三种:

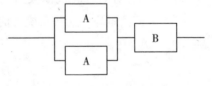

图 4-1　三部件串并联系统

状态一,所有分系统都正常,武器系统正常;

状态二,分系统 A 有一个正常、另一个故障,分系统 B 正常,武器系统正常;

状态三,两个分系统 A 故障或分系统 B 故障,武器系统故障。

即有算式:

$$\begin{cases} a_1 = p_1^2 \cdot p_2 \\ a_2 = 2p_1 \cdot \bar{p}_1 \cdot p_2 \\ a_3 = \bar{p}_1^2 \cdot p_2 + \bar{p}_2 \end{cases}$$

式中,p_1,p_2——分系统 A、B 的可用性;

$\bar{p}_1,\bar{p}_2$——分系统 A、B 的不可用性。

如果系统可修复,则有

$$\begin{cases} p_1 = \dfrac{\text{MTBF}_1}{\text{MTBF}_1 + \text{MTTR}_1 + \text{MLDT}_1} \\ p_2 = \dfrac{\text{MTBF}_2}{\text{MTBF}_2 + \text{MTTR}_2 + \text{MLDT}_2} \end{cases}$$

$$\begin{cases} \bar{p}_1 = 1 - p_1 \\ \bar{p}_2 = 1 - p_2 \end{cases}$$

式中,MTBF_1、MTBF_2——分系统 A、B 的平均故障间隔时间;

MTTR_1、MTTR_2——分系统 A、B 的平均修复性维修时间;

MLDT_1、MLDT_2——分系统 A、B 的平均后勤延误时间。

如果系统不能修复,则有

$$\begin{cases} p_1 = e^{-\lambda_1 t} \\ p_2 = e^{-\lambda_2 t} \end{cases}$$

式中,λ_1、λ_2——分系统 A、B 的储存故障率,并有 $\lambda_1 = 1 / \text{MTBF}_1$ 和 $\lambda_2 = 1 / \text{MTBF}_2$;

t——时间。

对于多部件系统的可用性,可根据以上的方法进行递推求解。如果武器系统是一个由各分系统组成的串联系统,并且各分系统只有正常和故障两种状态,则武器系统也只有"可投入使用"和"不可投入使用"两种状态,即有 $A = (a_1, a_2)$,a_1、$a_2 = (1-a_1)$ 分别为开始执行任务时,武器系统处于正常和故障状态的概率。

② 可信性矩阵。武器系统可信赖性矩阵为

$$D = \begin{bmatrix} d_{11} & \cdots & d_{1n} \\ \vdots & \ddots & \vdots \\ d_{n1} & \cdots & d_{nn} \end{bmatrix}$$

式中,d_{ij}——已知武器系统开始时处于状态下执行任务,而在执行过程中转移到状态的概率,$0 \leqslant d_{ij} \leqslant 1$。对于不可修武器系统,$d_{ij} = 0$($i > j$),表示不可修系统在工作期间出现的故障将一直保持着,系统不能从功能弱的状态向功能强的状态转移。

为了求取武器系统可信赖性矩阵,对一般武器系统做出下列假设条件:①组成武器系统的各个分系统(部件)故障分布及修理时间分布均服从指数分布,从而故障率 λ' 和修复率 μ' 是常数;②出故障的部件修复后,其故障出现分布与新部件相同;③系统和各部件只有正常和故障两种状态;④在 $\triangle t$ 时间内系统中只能有一个部件出现故障或一个部件被修复,即在同一时刻一个部件出故障另一个部件被修复的概率为 0,两个或两个以上部件同时出现故障或被修复的概率为 0。

根据可用性的讨论知道武器的初始状态后,即可建立系统状态转移概率矩阵 P,矩阵 P 中的每个元素 p_{ij} 为状态转移概率。由假设条件①可以求出每个分系统在工作期间的故障率和修复率为

$$\begin{cases} \lambda'_i = \dfrac{1}{\text{MTBF}'_i} \\ \mu'_i = \dfrac{1}{\text{MTTR}'_i} \end{cases}$$

式中,MTBF'_i——第 $i(i=1,2,\cdots,n)$ 个部件在工作期间的平均故障间隔时间;

MTTR'_i——第 $i(i=1,2,\cdots,n)$ 个部件在工作期间的平均故障修复时间。

由于可信性是武器在工作期间的广义可靠性,因此,平均修复时间中不包括平时的预防性维修时间 $\text{MTTR}'_{\text{PMT}}$。

状态转移概率 p_{ij} 只与 λ',μ' 有关,对于工作期间的不可修系统,只要在状态转移概率矩阵中令 $\mu'=0$ 即可。

记系统在时刻 t 处于各状态的概率为

$$\begin{cases} p_1(t) = p(x(t)=1) \\ p_2(t) = p(x(t)=2) \\ \qquad\vdots \\ p_n(t) = p(x(t)=n) \end{cases}$$

系统在时刻 t 处于 i 状态,经过 $\triangle t$ 时间后系统处于 j 状态的概率为

$$\begin{cases} p_{11}(t) = 1 - p_{11}\Delta t \\ p_{12}(t) = 1 - p_{12}\Delta t \\ \qquad\vdots \\ p_{ij}(t) = 1 - p_{ij}\Delta t \\ p_{nn}(t) = 1 - p_{nn}\Delta t \end{cases}$$

在时刻 $t+\triangle t$ 武器系统处于各状态的概率为

$$\begin{cases} p_1(t+\Delta t) = p_1(t)(1-p_{11})\Delta t + p_2(t)p_{21}\Delta t + \cdots + p_n(t)p_{n1}\Delta t \\ p_2(t+\Delta t) = p_1(t)p_{12}\Delta t + p_2(t)(1-p_{22})\Delta t + \cdots + p_n(t)p_{n1}\Delta t \\ \qquad\vdots \\ p_n(t+\Delta t) = p_1(t)p_{1n}\Delta t + p_2(t)p_{2n}\Delta t + \cdots + p_n(t)(1-p_{nn})\Delta t \end{cases}$$

进一步变换得到

$$\begin{cases} \dfrac{p_1(t+\Delta t)-p_1 t}{\Delta t} = -p_1(t)p_{11}+p_2(t)p_{21}+\cdots+p_n(t)p_{n1} \\[2mm] \dfrac{p_2(t+\Delta t)-p_2 t}{\Delta t} = -p_1(t)p_{12}+p_2(t)p_{22}+\cdots+p_n(t)p_{n1} \\[2mm] \qquad\qquad\qquad\vdots \\[2mm] \dfrac{p_n(t+\Delta t)-p_n t}{\Delta t} = -p_1(t)p_{1n}+p_2(t)p_{2n}+\cdots+p_n(t)p_{nn} \end{cases}$$

令 $\Delta t \to 0$，得到武器系统状态方程，这是一个一阶线性常系数微分方程组，用矩阵表示为

$$\frac{\mathrm{d}p(t)}{\mathrm{d}t}=Up(t)$$

式中，系数矩阵 $U=(P^{\mathrm{T}}-I)$，其中 P^{T} 是武器系统状态转移概率矩阵 P 的转置矩阵，I 是与 P^{T} 同阶的单位矩阵，并有

$$U=\begin{bmatrix} p_{11}-1 & p_{21} & \cdots & p_{n1} \\ \vdots & \vdots & & \vdots \\ p_{1n} & p_{2n} & \cdots & p_{nn}-1 \end{bmatrix}$$

和

$$p(t)=\begin{bmatrix} p_1(t) \\ p_2(t) \\ \vdots \\ p_n(t) \end{bmatrix}$$

由可用性的讨论可知，在初始时刻武器系统可能会处于 n 个状态的任一种，所以上述状态方程有个初始条件，即为

$$p_1(0)=\begin{bmatrix} 1 \\ 0 \\ \vdots \\ 0 \end{bmatrix},p_2(0)=\begin{bmatrix} 0 \\ 1 \\ \vdots \\ 0 \end{bmatrix},\cdots p_n(0)=\begin{bmatrix} 0 \\ 0 \\ \vdots \\ 1 \end{bmatrix}$$

求出状态方程的通解后，代入 n 个初始条件得到 n 个特解，记为

$$d_1(t)=\begin{bmatrix} d_{11}(t) \\ d_{11}(t) \\ \vdots \\ d_{1n}(t) \end{bmatrix},d_2(t)=\begin{bmatrix} d_{21}(t) \\ d_{22}(t) \\ \vdots \\ d_{2n}(t) \end{bmatrix},\cdots,d_n(t)=\begin{bmatrix} d_{n1}(t) \\ d_{n2}(t) \\ \vdots \\ d_{nn}(t) \end{bmatrix},$$

式中，$d_1(t)$ 表示武器系统初始状态为 $p_1(0)$，在时刻 t 处于各状态的概率。

将这 n 个特解写成矩阵形式,就得到了武器系统的可信赖性矩阵,即

$$D(t) = \begin{bmatrix} d_{11}(t) & d_{12}(t) & \cdots & d_{1n}(t) \\ d_{21}(t) & d_{22}(t) & \cdots & d_{2n}(t) \\ \vdots & \vdots & & \vdots \\ d_{n1}(t) & d_{n2}(t) & \cdots & d_{nn}(t) \end{bmatrix}$$

可信赖性矩阵 $D(t)$ 是时间 t 的函数,它表示武器系统在开始工作时处于某一状态,当工作到时刻 t 时,处于另外一个状态的概率。

对于图 4-1 的三部件串并联武器系统(工作期间不可修复)的状态空间图,如图 4-2 所示。

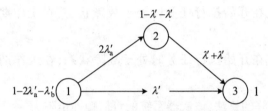

图 4-2　三部件串并联武器系统状态空间图

状态转移概率矩阵 P 为

$$P = \begin{bmatrix} 1 - 2\lambda^{a\prime} - \lambda^{b\prime} & 2\lambda^{a\prime} & \lambda^{b\prime} \\ 0 & 1 - \lambda^{a\prime} - \lambda^{b\prime} & \lambda^{a\prime} + \lambda^{b\prime} \\ 0 & 0 & 1 \end{bmatrix}$$

状态方程系数矩阵 U 为

$$U = \begin{bmatrix} -2\lambda^{a\prime} - \lambda^{b\prime} & 0 & 0 \\ 2\lambda^{a\prime} & -\lambda^{a\prime} - \lambda^{b\prime} & 0 \\ \lambda^{b\prime} & \lambda^{a\prime} + \lambda^{b\prime} & 1 \end{bmatrix}$$

可以求得三部件串并联武器系统的可信赖性矩阵为

$$D(t) = \begin{bmatrix} e^{-(2\lambda^{a\prime} + \lambda^{b\prime})t} & 2[e^{-(\lambda^{a\prime} + \lambda^{b\prime})t} - e^{-(2\lambda^{a\prime} + \lambda^{b\prime})t}] & 1 + e^{-(2\lambda^{a\prime} + \lambda^{b\prime})t} - 2e^{-(\lambda^{a\prime} + \lambda^{b\prime})t} \\ 0 & e^{-(\lambda^{a\prime} + \lambda^{b\prime})t} & 1 - e^{-(\lambda^{a\prime} + \lambda^{b\prime})t} \\ 0 & 0 & 1 \end{bmatrix}$$

记 $R_a = e^{-\lambda_a\prime t}$,$R_b = e^{-\lambda_b\prime t}$,$R_a$、$R_b$ 分别为分系统 A、B 的可靠度,可信赖性矩阵可以表示为

$$D(t) = \begin{bmatrix} R_a^2 R_b & 2R_a R_b(1 - R_a) & (1 - R_a)^2 R_b + (1 - R_b) \\ 0 & R_a R_b & 1 - R_a R_b \\ 0 & 0 & 1 \end{bmatrix}$$

如果武器系统是一个由 N 个分系统组成的串联系统,且武器系统在工作期间不可维修、武器系统在开始执行任务时只有正常和故障两种状态,则可信赖性矩阵可以表示为

$$D = \begin{bmatrix} d_{11} & d_{12} \\ d_{21} & d_{22} \end{bmatrix} = \begin{bmatrix} R_m(t_m) & 1 - R_m(t_m) \\ 0 & 1 \end{bmatrix}$$

式中,d_{11}——武器系统在开始执行任务时处于正常状态、在工作期间处于正常状态的概率;

d_{12}——武器系统在开始执行任务时处于正常状态、在工作期间处于故障状态的概率;

d_{21}——武器系统在开始执行任务时处于故障状态、在工作期间处于正常状态的概率;

d_{22}——武器系统在开始执行任务时处于故障状态、在工作期间处于故障状态的概率。

根据可信赖性矩阵的算法,该武器系统的可信赖性矩阵为

$$D = \begin{bmatrix} \prod_{i=1}^{N} R_{im}(t_{im}) & 1 - \prod_{i=1}^{N} R_{im}(t_{im}) \\ 0 & 1 \end{bmatrix} = \begin{bmatrix} e^{-\sum_{i=1}^{N} \lambda_{im} t_m} & 1 - e^{-\sum_{i=1}^{N} \lambda_{im} t_m} \\ 0 & 1 \end{bmatrix}$$

式中,$R_{im}(t_{im})$——第 i 个分系统的工作可靠度;

λ_{im}——第 i 个分系统的故障率,$\lambda_{im} = 1/\text{MTBF}_{im}$;

MTBF_{im}——第 i 个分系统的平均故障间隔工作时间。

③能力矩阵。能力是确定武器系统诸性能的依据,美国工业界武器系统效能咨询委员会把能力定义为:当已知武器系统在执行任务过程中的状态这一条件下,对系统达到任务目标的能力的度量。

武器系统能力矩阵 C 表示为

$$C = \begin{bmatrix} C_{11} & \cdots & C_{1m} \\ \vdots & \ddots & \vdots \\ C_{n1} & \cdots & C_{nm} \end{bmatrix}$$

式中,C_{ij}——系统在可能状态 $i(i = 1, 2, \cdots, n)$ 下达到第 $j(i = 1, 2, \cdots, m)$ 项任务目标的概率或任务量。

通常,武器系统成功地完成作战任务不是通过单一的事件,而是通过一系列不同的基本事件。系统能力正是这一系列个别或组合事件的综合结果。例如,对于通信信号侦察系统,其对信号的侦察任务基本上是由两个事件所组成的:一是对信号的截获事

件;一是对所截获信号的识别时间,通信信号侦察系统完成前一个事件任务用截获概率 p_{int} 表示,完成后一个事件任务用识别概率 p_{ide} 表示,则根据条件概率,有通信信号侦察系统的信号侦察能力为 $p_{\text{dec}} = p_{\text{int}} \cdot p_{\text{ide}}$。

（2）基于 SEA 分析的综合评估方法

系统有效性分析（System Effectiveness Analysis, SEA）是由美国麻省理工学院信息与决策实验室的 A. H. Levis 和 Vincent Bouthonnier 于 20 世纪 80 年代中期提出的分析系统效能的方法。系统效能是包含技术、经济和人的行为等因素在内的"混合"概念。对于一个被评估的人工系统而言,系统效能还应反映系统用户的需求,并且能体现系统技术、系统环境和用户需求的变化。因此,把系统的运行结果与系统要完成的使命联系起来,观察系统的运行轨迹和使命要求的轨迹在同一公共属性空间相符合的程度,根据轨迹重合率的高低,来判断系统的效能高低。系统运行轨迹与使命要求轨迹的重合率高,则系统效能高;反之,则系统效能低。因此,SEA 方法是一种综合的评价方法,在具体应用中有其独特性。20 世纪 90 年代以来,A. H. Levis 等人将 SEA 方法应用于军事指挥自动化系统的效能评估,以及陆战炮兵部队（系统）的效能评估等。美军基于 SEA 方法发展出一系列的仿真评估工具,诸如 SEAS（System Effectiveness Analysis Simulation）Version 1.0、2.0、2.2 等,这些工具已经集成到美军 AFSOM-A（Air Force Suite of Models Analysis）工具集中。

① SEA 分析的原理。

SEA 分析基于 6 个基本概念:系统、使命、环境、原始参数、性能量度和系统效能。系统是由相互关联的各部分组成并协同动作的有机整体;使命是赋予系统必须完成的任务;环境是与系统发生作用而又不属于系统的元素的集合;原始参数是一组描述系统、环境及使命的独立的基本变量,它又划分为系统原始参数、环境原始参数和使命原始参数;性能量度（Measure of Performance, MOP）是描述系统完成使命品质的量,它与系统使命的含义密切相关,在一个多使命的系统中,性能量度是一个集合 $\{MOP\}$;系统效能是指在一定环境中,系统能够完成规定使命的程度。这 6 个基本概念可以构成 6 个空间:系统能力空间、使命空间、环境空间、原始参数空间、性能量度空间和效能空间。

令 s_i 表示系统原始参数,c_i 表示环境原始参数,g_i 表示使命原始参数,则 $s_i = (s_1, s_2, \cdots, s_k)$、$c_i = (c_1, c_2, \cdots, c_l)$、$g_i = (g_1, g_2, \cdots, g_j)$ 分别表示由所有系统原始参数、环境原始参数、使命原始参数组成的向量。令 R^n 表示 n 维欧氏空间,取值域 $S \subset R^k$、$C \subset R^l$、$G \subset R^j$;为了能对系统在任一状态下完成预定任务情况与使命要求进行比较,必须将它们放在同一空间中,这一空间恰好可采用性能度量空间,令 R^m 表示 m 维性能量度欧氏空间 $\{MOP\}$。

建立非线性且非一一对应的映射：$f_s:(s,c)\rightarrow R^m$，称为系统能力映射。定义值集 L_s 为 $L_s=f_s(S,c)=\{m_s=f_s(s,c):s\subset S\}$，$c\subset C$，$L_s$ 为当 s 在 S 中变化时，.在性能量度空间上形成的轨迹，称为系统能力轨迹。再建立一个映射 $f_s:G(S,C)\rightarrow R^m$，称为使命映射。定义值集 L_m 为 $L_m=f_m(G,c)=\{m_m=f_m(g,c):g\subset G\}$，$c\subset C$，$L_m$ 为当 g 在 G 中变化时，在 $\{MOP\}$ 空间上形成的轨迹，称为系统使命轨迹。

当武器系统处于一定环境中运行时，系统的运行状态可能有很多个。考察系统在某一状态 s 下完成使命情况，当 $m_s\in L_m$ 时，系统在 s 状态下可完成使命；当 $m_s\notin L_m$ 时，系统在 s 状态下不能完成使命。系统原始参数 s 的取值是随机的，系统轨迹中落入使命轨迹内的点(集)出现的"概率"大小就反映了系统完成使命的可能性，如图 4-3 所示。$\bar{V}$ 表示 R^m 的空间测度，则系统的效能为

$$E=\frac{\bar{V}(L_s\cap L_m)}{\bar{V}(L_m)}$$

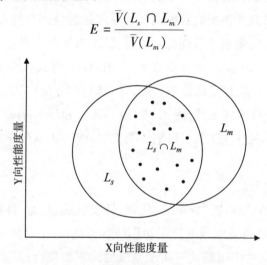

图 4-3　系统轨迹和使命轨迹图

很显然，效能 E 的内涵就是衡量了系统与使命的匹配程度，其值域为 $[0,1]$。对于性能量度欧氏空间 R^m，若 $m=1$，则 $\bar{V}$ 表示长度；若 $m=2$，则 $\bar{V}$ 表示面积；若 $m=3$，则 $\bar{V}$ 表示体积。

如果 $L_S\cap L_m=\varnothing$（空集），表示系统的所有运行状态均不能完成使命，则有 $E=0$；如果 $L_S\cap L_m=L_m$，表示系统的所有运行状态均可以完成使命，则有 $E=1$。当然，$E=1$ 代表了一种最理想的情况。

（2）SEA 分析的基本步骤

根据 SEA 分析的基本原理，其基本步骤如图 4-4 所示，具体如下。

步骤 1：根据系统的作战想定，定义系统、环境和系统使命，并确定它们的原始参数，这些原始参数之间应该是相互独立的。

步骤 2：由系统使命抽象出一组性能度量 $\{MOP_i\}$。系统性能度量是系统原始参数的函数，其值可以通过模型处理、函数计算、计算机仿真等方法得到。一个性能度量是由原始参数的一个子集确定的，系统任何特定的运行都可用性能度量空间上的一个点来表示。

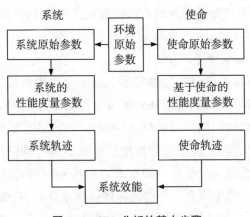

图 4-4　SEA 分析的基本步骤

步骤 3：根据系统在环境中的作战运行规律，分析系统的工作行为过程，建立系统原始参数 $\{X_i\}$ 到系统性能度量的映射 f_s，即 $\{MOP_i\}_s = f_s(X_1, X_2, \cdots, X_k)$；对于电子装备体系而言，系统性映射 f_s 一般是非线性的。

步骤 4：同样的方法建立使命映射。根据系统使命要求，建立使命原始参数 $\{Y_i\}$ 到系统性能度量的映射 f_m，即 $\{MOP_i\}_m = f_m(Y_1, Y_2, \cdots, Y_n)$。

步骤 5：将系统性能度量空间和使命性能度量空间变换成一组由公共性能度量空间规定的公共性能度量。因为根据前面四步计算得到两个空间——系统性能度量空间和使命性能度量空间，它们是用不同性能度量或不同比例的性能度量定义的，使它们成为有相同单位的性能度量，并进一步对其值进行归一化，使性能度量值在范围内，这样的公共性能度量空间就是一个单位超立方体（各边都平行于坐标轴）。

步骤 6：根据系统原始参数的取值范围，由系统映射和使命映射分别产生系统轨迹 L_s 和使命轨迹 L_m，基于空间测度 $\bar{V}$ 即可得到系统的效能。

由上述过程可以看出，SEA 分析的主要工作集中在性能度量 MOP 的提取、系统映射 f_s 和使命映射 f_m 三个方面，其中系统映射的建立是整个分析过程的重点，它把系统的结构、功能、行为和原始参数对系统运行过程的影响描述出来，从而体现它们对系统完成使命的作用。

SEA 分析具有三个典型的特征：一是物理意义明显，SEA 分析把系统的能力与使命要求放在同一个性能度量空间中进行比较，从而实现了对系统完成使命程度的评价，所定义的系统效能表明了系统完成使命的可能性大小,其含义十分明确;二是系统论思想,由于系统的使命是定义在系统与环境组成的高层系统上,SEA 分析实际上是把系统置于一个更大的系统中去认识和评价的,这种思路揭示了 SEA 分析的系统思想;三是方法论思维,SEA 分析是一种方法论,实际的系统效能分析建模则需要根据具体的系统、环境和使命具体分析,而其基于具体的系统使命涵义的性能量度 MOP 的提取、系统映射 f_s 和使命映射 f_m 的建立则显示了实际模型的形成过程。

(3)基于因子分析的综合评估方法

装备效能评估指标体系的建立过程实际上是一个运用系统思想分析问题的过程。常规的效能评估指标体系一般具有较强的逻辑完备性,下级指标隶属于上级指标,且全面覆盖上级指标的各项属性,同一级指标之间相互独立,各指标之间不较差,独立反映被评估对象属性的一个方面。但是通常被评估对象的属性难以严格划分,同级指标之间难免存在各种联系,使得评估结果之间也必然存在一定的关联性,不能正确、恰当地反映客观实际。因此,在影响因素较多的指标体系建立过程中,如何对指标进行正确的筛选,建立一个既全面又不雷同的指标体系,是常遇到而又不易解决的问题。从指标关联性的方面展开研究,并运用因素分析的方法,可以提高评估指标体系建立的可信度和有效性。

基于因子分析的综合评估方法流程包含以下步骤。

步骤 1:将原始数据标准化,以消除变量间在数量级和量纲上的不同。

设有 p 个原始变量 $X_1, X_2, \cdots, X_p$,它们可能相关,也可能独立,将 X_i 标准化后得到新变量,即

$$Z_i = \frac{X_i - E(X_i)}{\sqrt{Var(X_i)}}$$

步骤 2:求标准化数据的相关矩阵。

在综合评估系统中,一般先将定性指标和定量指标转化为可比较的指标。对指标进行相关分析时,一般用相关系数表示指标之间的相关程度。

对于 n 个评估指标,可以分别计算出两两之间的相关系数,形成相关系数矩阵,即

$$R = \begin{bmatrix} r_{11} & r_{12} & \cdots & r_{1n} \\ r_{21} & r_{22} & \cdots & r_{2n} \\ \vdots & \vdots & & \vdots \\ r_{n1} & r_{n2} & \cdots & r_{nn} \end{bmatrix}$$

式中,r_{ij} 表示 X_i 和 X_j 的相关系数,其计算公式为

$$r_{ij} = \frac{Cov(X_i, X_j)}{\sigma_i \sigma_j}$$

因子分析是从众多的原始变量找那个重构少数几个具有代表意义的因子变量的过程。其潜在的要求是,原有变量之间要具有比较强的相关性,因此因子分析需要先进行相关性分析,计算原始变量标准化数据之间的相关系数矩阵。

步骤 3:求相关系数矩阵的特征值和特征向量。

求相关系数矩阵的特征方程 $|R-\lambda I_n|=0$,得到 p 个特征值 $\lambda_1,\lambda_2,\cdots,\lambda_p$,及其对应的特征向量 $\beta_1,\beta_2,\cdots,\beta_p$,则可以建立因子分析模型如下:

$$Z_i = \alpha_{i1}F_1 + \alpha_{i2}F_2 + \cdots + \alpha_{im}F_m + \varepsilon_i, i=1,2,\cdots,p$$

式中,$F_j(j=1,2,\cdots,m)$ 出现在每个变量的表达式中,称为公共因子,它们的含义要根据具体问题来解释;$\varepsilon_i(i=1,2,\cdots,p)$ 仅与变量 Z_i 有关,称为特殊因子;系数 $\alpha_{ij}(i=1,2,\cdots,m;j=1,2,\cdots,m)$ 称为载荷因子,可以构造载荷矩阵 $A=(\alpha_{ij})$。

步骤 4:计算方差贡献率和累积方差贡献率。

将式 $Z_i=\alpha_{i1}F_1+\alpha_{i2}F_2+\cdots+\alpha_{im}F_m+\varepsilon_i$ 写成矩阵形式,即

$$Z = AF + \varepsilon$$

式中,$Z=(Z_1,Z_2,\cdots,Z_p)^T,F=(F_1,F_2,\cdots,F_m)^T,\varepsilon=(\varepsilon_1,\varepsilon_2,\cdots,\varepsilon_p)^T$,并且有载荷矩阵

$$A = (\alpha_{ij})_{p\times m}$$

计算第 i 因素贡献率即确定公共因素个数 m,因素贡献率定义为

$$\gamma_i = \frac{\lambda_i}{\sum\limits_{j=1}^{n} \lambda_j}$$

选择特征根值大于等于 1 的个数 m 为公共因素个数;或者因素贡献率大于等于 85% 确定公共因素个数 m。

则 m 个公共因子对第 i 因素方差的贡献称为第 i 个共同度,记为 h_i^2,则有

$$h_i^2 = \alpha_{i1}^2 + \alpha_{i2}^2 + \cdots + \alpha_{im}^2$$

而特殊因子的方差称为特殊方差或特殊值,从而第 i 因素的方差有如下分解:

$$Var(Z_i) = h_i^2 + \alpha_i^2$$

步骤 5:确定因子。

设 $F_1,F_2,\cdots,F_p$ 为 p 个因子,其中前 m 个因子包含的数据信息总量(其累积贡献率)不低于 85% 时,可取前 m 个公共因子来反映原评估指标。

步骤 6:因子旋转。

若所得的 m 个因子无法确定或其实际意义不是很明显,需将因子进行旋转获得较为明显的实际意义或可解释性。例如,通过正交变换,使得载荷矩阵中有尽可能多的元素等于或接近于 0,从而使因子载荷矩阵结构简单化,偏于做出更有实际意义的解释。

取正交矩阵为

$$Q = \begin{bmatrix} \cos\phi & -\sin\phi \\ \sin\phi & \cos\phi \end{bmatrix}$$

以矩阵 Q 进行旋转,则有

$$B = AQ = (b_{ij}), i = 1,2,\cdots,p; j = 1,2$$

称 B 为旋转因子载荷矩阵,于是有

$$Z = B(Q^{\mathrm{T}}F) + \varepsilon$$

步骤7:有原指标的线性组合来求得各因子得分,采用回归估计法、Bartlett 估计法计算因子得分。

回归估计法即 Thomson 方法,因子得分是由贝叶斯思想导出的,得到的因子得分是有偏的,但计算结果误差较小。贝叶斯判别思想是根据先验概率求出后验概率,并依据后验概率分布做出统计推断。

Bartlett 估计法的因子得分是极大似然估计,也是加权最小二乘回归,得到的因子得分是无偏的,但计算结果误差较大。

步骤8:综合得分。

以各因子的方差贡献率为权,由各因子的线性组合得到综合评估指标函数,即

$$F = \frac{r_1 F_1 + r_2 F_2 + \cdots + r_m F_m}{r_1 + r_2 + \cdots + r_m} = \sum_{i=1}^{m} w_i F_i$$

式中,w_i 为旋转前或旋转后因子的方差贡献率。

步骤9:得分排序。

利用综合得分分析各个评估对象的得分名次。

(4)层次分析法

层次分析法(AHP)是美国匹兹堡大学教授 A.L.Saaty 于 20 世纪 70 年代提出的一种能够将定性分析与定量分析相结合的系统分析方法。它模拟人的决策思维过程,具有思路清晰、方法简便、使用面广、系统性强等特点,便于普及推广,可成为人们工作和生活中思考问题、解决问题的一种方法。

应用 AHP 求取评估结果时大体要经过以下四个步骤。

① 构造判断矩阵。

运用 AHP 解决效能评估中的权重问题,首先要将所包含的装备系统进行分组,每一组作为一个层次,对每一层次各组成系统的相对重要性给出判断,这些判断用数值表示出来,写成矩阵形式就是判断矩阵。判断矩阵是 AHP 工作的出发点。构造判断矩阵是 AHP 的关键一步。

判断矩阵表示针对上一层次某因素而言,本层次与之有关的各因素之间的相对重要性。假定 A 层中因素 A_k 与下一层次中因素 $B_1, B_2, \cdots, B_n$ 有联系,对所有因素 $B_1, B_2,$

…,B_n 进行两两比较,得到数值 b_{ij},b_{ij} 是对于 A_k 而言,B_i 对 B_j 的相对重要性的数值表示(其定义和解释如表4-1所示),记 $B=(b_{ij})_{m \times n}$,则称 B 为因素 B_1,B_2,…,B_n 对于上一层因素 A_k 的判断矩阵。

表4-1 相对重要程度取值

相对重要程度 L_i	定义	解释
1	同等重要	目标 i 和 j 同样重要
3	略微重要	目标 i 比 j 略微重要
5	明显重要	目标 i 比 j 明显重要
7	强烈重要	目标 i 比 j 强烈重要
9	绝对重要	目标 i 比 j 绝对重要
2,4,6,8	介于两相邻重要程度间	

采1~9用的比例标度的依据是:其一,心理学的实验表明,大多数人对不同事物在相同属性上差别的分辨能力在1~9级之间,采用1~9的标度反映了大多数人的判断能力;其二,大量的社会调查表明,1~9的比例标度早已为人们所熟悉和采用;其三,科学考察和实践表明,1~9的比例标度已完全能区分引起人们感觉差别的事物的各种属性。

显然,任何判断矩阵都应满足条件

$$b_{ii} = 1, b_{ij} = \frac{1}{b_{ji}}(i, j = 1, 2, \cdots n)$$

因此,对于 n 阶判断矩阵,仅需要对 $n(n+1)/2$ 个矩阵元素给出数值。

② 一致性判断。

为了检验矩阵的一致性,需要计算它的一致性指标 CI,定义

$$CI = \frac{\lambda_{\max} - n}{n - 1}$$

显然,当判断矩阵具有完全一致性(当矩阵的最大特征根 $\lambda_{\max} = n$,其余特征根均为0时),$CI = 0$。CI 愈大,矩阵的一致性愈差。为了检验判断矩阵是否具有满意的一致性,需要将 CI 与平均随机一致性指标 RI 进行比较。对于1~9阶矩阵,RI 分别见表4-2。

表4-2 平均随机一致性指标

阶数	1	2	3	4	5	6	7	8	9
RI	0.0	0.0	0.58	0.90	1.12	1.24	1.32	1.41	1.45

对于1、2阶判断矩阵,L 只是形式上的,按照对判断矩阵所下的定义,1阶、2阶判断矩阵总是完全一致的。当阶数大于2时,判断矩阵的一致性指标 CI,与同阶平均随机一

致性的指标 RI 之比称为判断矩阵的随机一致性比例,记为 CR,当 $CR = CI/RI < 0.10$ 时,判断矩阵具有满意的一致性,否则就需要对判断矩阵进行调整。

③ 特征根和特征向量计算。

根据判断矩阵可以计算相对于上一层某因素而言,本层次与之有联系的因素的重要性次序的权值,其方法可以归结为计算判断矩阵的特征根和特征向量问题,即对判断矩阵 B,计算满足

$$BW = \lambda_{max} W$$

的特征根与特征向量。

式中,λ_{max} 为 B 的最大特征根,W 为对应于 λ_{max} 的正规化特征向量,W 的分量 W_i 即是相应因素单排序的权值。这里介绍常用的幂法计算方法。

计算特征根的幂法,可利用计算机得到任意精度的最大特征根 λ_{max} 及其对应的特征向量 W。这一方法的计算步骤如下。

步骤 1:任取与判断矩阵 B 同阶的正规化的初值向量 W^0;

步骤 2:计算 $\overline{W}^{k+1} = BW^i$,$k = 0, 1, 2, \cdots$;

步骤 3:令 $\beta = \sum_{i=1}^{n} \overline{W}^{k+1}$,计算 $\overline{W}^{k+1} = \frac{1}{\beta} \overline{W}^{k+1}$,$k = 0, 1, 2, \cdots$;

步骤 4:对于预先给定的精确度 ε,当 $|\overline{W}_i^{k+1} - W_i^k| < \varepsilon$ 对所有 $i = 1, 2, \cdots, n$ 成立时,则 $W = \overline{W}^{k+1}$ 为所求特征向量。λ_{max} 可由下式求得

$$\lambda_{max} = \sum_{i=1}^{n} \frac{\overline{W}_i^{k+1}}{n W_i^k}$$

式中,n ——矩阵阶数;

W_i^k ——向量 W^k 的第 i 个分量。

④ 权重的计算。

根据上述内容,假设第 $k(k = 1, 2, \cdots, n)$ 位专家对 m 个因素判断后得到的权重向量为 $W_k = (W_1^k, W_2^k, \cdots, W_m^k)$,则均衡专家的意见(本书采用平均加权)后得到 m 个因素的权值向量为

$$W = \frac{1}{n} \sum_{i=1}^{n} W_k = \left(\frac{1}{n} \sum_{i=1}^{n} W_1^k, \frac{1}{n} \sum_{i=1}^{n} W_2^k, \cdots, \frac{1}{n} \sum_{i=1}^{n} W_m^k \right)$$

(5)网络层次分析法

网络层次分析法(ANP)假设同一权重因素集中影响因素之间都是相互独立的,且这些影响因素与其他权重因素集无关。在效能评估活动中,更多情况下同一权重因素集中影响因素之间也是相互联系、相互影响的,还可能影响其他权重因素集,这时上述方法难以解决反映影响因素之间的相互重要性程度。1996 年,Satty 提出的网络层次分

析法能很好地处理影响因素之间相互联系、相互影响的情况,可以深刻地描述影响因素之间相互依赖关系和反馈关系。ANP 以 1~9 为标度对影响因素进行量化,通过计算网络的两两比较判断矩阵、构建无权超矩阵和加权超矩阵、计算极限超矩阵,最后进行综合排序得到权重值。

基于 ANP 的影响因素权重集网络结构如图 4-5 所示,图中每个权重集内部是求解权重的影响因素形成的网络,权重集之间箭头连线表示权重集中影响因素之间的依赖关系,箭尾权重集中影响因素影响箭头所指的权重集中影响因素。

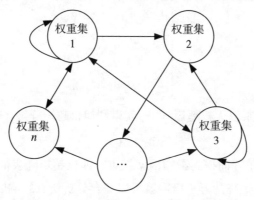

图 4-5　基于 ANP 的影响因素权重集的网络结构图

首先计算网络的两两比较判断矩阵。依次以权重集 C_j 中某一个元素 $C_{jl}(l=1,2,\cdots,n_j)$ 为次准则,考虑另一权重集 C_i 中各个影响因素对 C_{jl} 的影响力大小构造判断矩阵,根据 AHP 算法得到判断矩阵的特征向量 $(w_{i1}^{jl},w_{i2}^{jl},\cdots,w_{in}^{jl})^{\mathrm{T}}$,将所有的归一化特征向量汇总到一个矩阵 W_{ij} 中,该矩阵表示权重集 C_i 中影响因素与 C_j 中影响因素的影响因素。

此处的影响力大小又称为间接优势度,即在给定的一个决策准则下,比较两个影响因素对第三个影响元素(作为判断的决策准则)的重要程度,而直接优势度是比较两个影响因素对决策准则的重要程度。

其次构建无权超矩阵。同理,依次将各个权重集中影响因素之间的内外关系进行比较,当权重集 C_i 与 C_j 不存在连接关系时,有 $W_{ij}=0$。假设权重集中影响因素共有 n 个,则最终可获得无权超矩阵 W_s,即

$$W_s = \begin{vmatrix} W_{11} & W_{12} & \cdots & W_{1n} \\ W_{21} & W_{22} & \cdots & W_{2n} \\ \vdots & \vdots & & \vdots \\ W_{n1} & W_{n2} & \cdots & W_{nn} \end{vmatrix}$$

W_s 称为无权超矩阵,主要是因为该矩阵不是列归一的,只是各个字块 W_{ij} 是列归一的,因此无权超矩阵还不能显示各个影响因素的相对重要性,还需要对权重集进行成对比较,以使无权超矩阵转化为加权超矩阵。

再次构建加权超矩阵。依次以权重集 C_j 为次准则,对权重集进行相对重要性的两两比较,构建判断矩阵,进行一致性检验。通过一致性检验后,根据 AHP 算法进行相关计算,求得归一化的特征向量 $(a_{1j}, a_{2j}, \cdots, a_{mj})^T$,从而将各个特征向量进行组合,形成反映权重集关系的权重矩阵 A_s,即

$$A_s = \begin{vmatrix} a_{11} & a_{12} & \cdots & a_{1m} \\ a_{21} & a_{22} & \cdots & a_{2m} \\ \vdots & \vdots & & \vdots \\ a_{m1} & a_{m2} & \cdots & a_{mm} \end{vmatrix}$$

将该权重矩阵 A_s 乘以无权超矩阵 W_s 就得到加权超矩阵 $\overline{W}_s$,即有

$$\overline{W}_s = A_s W_s$$

最后计算极限超矩阵而得到影响因素权重。加权超矩阵表征了所有影响因素之间的相关关系,对加权超矩阵的幂求极限就可以综合分析所有影响因素的权重,即有算法

$$\overline{W} = \lim_{k \to \infty} (\overline{W}_s)^k$$

式中,$\overline{W}$——极限超矩阵。

(6)基于云模型的综合评估方法

基于云模型的综合评估方法,就是运用云模型来描述定性指标,依据系统指标分层结构,运用云理论中的有关知识,导出各指标的多维加权综合云的重心表示,用加权偏离度来衡量云重心的改变并激活云发生器,从而给出评估对象的评估值、综合评估系统的效能。基于云模型的综合评估方法有 3 个要素:指标集 U、权重集 W、评估集 V。

指标集 $U_0, U_1, \cdots, U_m$,其中 U_0 为目的指标,其余为影响最终指标的第 i 个分指标。

权重集 $W = (w_1, w_2, \cdots, w_m)$,其中 $w_i \geq 0$。

评估集 $V = (V_1, V_2, \cdots, V_m)$。

评估指标按需要可以划分为多级层次结构,根据需要从系统指标层次的第 n 层开始,运用基于云模型的云重心评判法进行评判,并将评估结果传递给第 $n-1$ 层。再依次分层进行评估,直到得到需要评估的那一层指标的评估结果。具体可以分为以下步骤。

步骤1:确定指标集及各指标权重。

指标体系由反映被评估对象多方面属性的一组相关指标组成,而一个指标体系往往只能满足被评估对象某一方面的特性。因此在建立指标体系前要明确对评估对象效能评估的目的,并按照一定的原则建立相应的指标体系,这样才可能得出合理的评估结

果。选择合适的效能指标体系,是做好航天装备一体化试验鉴定的关键。

指标的权重是表示某项指标在评估指标体系中重要程度的数量标志,是指标体系的重要组成部分,又称为权数、权值、权系数。

各评估指标在指标体系中的地位和重要程度是不同的。为了体现这些,就要为每项评估指标设定权值,这样才能达到客观、可比的要求。

步骤 2:将各指标用云模型来表示。

在给出的航天装备一体化试验鉴定指标体系中,既有精确型数值表示,又有语言值描述。提取 n 组样本组成决策矩阵,那么这 n 组精确数值型的指标就可以用一个云模型来表示。其中

$$Ex = \frac{1}{n} \sum_{i=1}^{n} x_i$$

$$En = \frac{1}{6} \big[\max(Ex_1, Ex_2, \cdots, Ex_n) - \min(Ex_1, Ex_2, \cdots, Ex_n) \big]$$

同时,每个语言值型的指标都可以用一个云模型来表示,那么 n 组语言值型指标表示的一个指标就可以用一个一维综合云来表征,其中

$$\begin{cases} Ex = \dfrac{Ex_1 En_1 + Ex_2 En_2 + \cdots + Ex_n En_n}{En_1 + En_2 + \cdots + En_n} \\ En = En_1 + En_2 + \cdots + En_n \end{cases}$$

当指标为精确数值型时,$Ex_1 Ex_n$ 为各指标量的值;当指标为语言值型时,$Ex_1 \sim Ex_n$ 为各指标云模型的期望,$En_1 \sim En_n$ 为各指标云模型的熵。

步骤 3:系统状态的表示。

n 个性能指标可以用 n 个云模型来描述,那么 n 个指标所反映的系统状态就可以用一个 n 维综合云来表示。当 n 个指标所反映的系统状态发生变化时,这个 n 维综合云的形状也发生变化,相应地其重心就会改变。也就是说,通过云重心的变化情况可以反映出系统状态信息的变化情况。

n 维综合云的重心 T 用一个 n 维的向量来表示,即 $T = (T_1, T_2, \cdots, T_n)$,其中 $T_i = (a_i \times b_i)(i = 1, 2, \cdots, n)$。$a_i$ 为云重心的位置,期望值反映了相应的模糊概念的信息中心值;b_i 为云重心的高度,即权重。云重心的高度反映了相应云的重要程度。当系统发生变化时,其重心发生变化。

步骤 4:用加权偏离度来衡量云重心的改变。

一个系统的理想状态下各指标值是已知的,假设理想状态下,n 维综合云重心的位置向量为 $a = (Ex_1^0, Ex_2^0, \cdots, Ex_n^0)$,云重心高度 $b = (b_1, b_2, \cdots, b_n)$。则理想状态下,云重心的向量 $T^0 = a \times b = (T_1^0, T_2^0, \cdots T_n^0)$。同理,求得某状态下系统的 n 维综合云重心向量

$T = (T_1, T_2, \cdots, T_n)$。

加权偏离度 θ 可以用来衡量这两种状态下综合云重心的差异情况。首先将此状态下的综合云的重心向量归一化，得到一组向量 $T^G = (T_1^G, T_2^G, \cdots, T_n^G)$，其中

$$
\begin{cases}
T_i^G = \dfrac{T_i - T_i^0}{T_i^0}, & T_i < T_i^0 \\[3mm]
T_i^G = \dfrac{T_i - T_i^0}{T_i}, & T_i \geq T_i^0
\end{cases}
$$

归一化后，表征系统状态的综合云重心向量均为有大小、有方向、无量纲的值。把各指标归一化后的向量值乘以其权重值，而后再相加即得加权偏离度 θ，即

$$
\theta = \sum_{i=1}^n w_i^* T_i^G
$$

式中，w_i^* 为第 i 个单项指标的权重值。将得出的加权偏离度 θ 输入云发生器，与理想状态对比评价即可得出效能值。

步骤 5：用云模型实现评估的评语集。

评语集采用的评语数越多，评估结果越精确。通常将评语数置于连续的语言标尺上，每个评语值都可以用云模型来实现，由此就可以构成一个定性评估的云发生器。

对于一个具体的评估方案，将得出的加权偏离度 θ 输入评估的云发生器中，它可能有两种激活情况：一是激活某个评语值云对象的程度远大于其他评语值，这时该评语值即可作为对方案的评估结果输出；二是激活两个评语值的云对象，且激活程度相差不是很大，这时运用云理论中的综合云原理，生成一个新的云对象，它的期望值将作为评估结果输出，而此期望值对应的定性表述可由专家或系统用户另外给出。

基于上述表述，可以得出航天装备一体化试验鉴定中基于云模型的效能评估流程，如图 4-6 所示。

图 4-6 中各模块实现的功能如下。

①确定评估目标。以提高航天装备一体化试验鉴定中航天装备效能为出发点，综合考虑被评估对象影响整体效能的主要因素，确定评估工作的目标。

②分析效能要素。根据确定好的评估目标，对影响评估效能的主要因素进行分析和归纳，提炼出若干效能要素及这些因素间的关联关系和关联程度。这些提炼出来的要素，将作为构建评估指标体系的主要依据。

③构建评估指标体系。在评估系统和指标体系框架的辅助下，以体现关键或主要效能要素为基准，遵循有关原则，构建合适的评估指标体系。出现在指标体系中的效能要素应具备代表性和不可或缺性，尽可能做到全面而简洁。

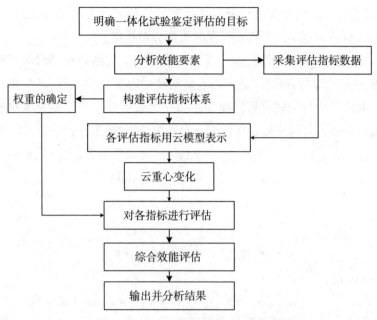

图 4-6　基于云模型的效能评估流程

④求出各指标的状态值。评估数据的获取途径比较多,有些指标数据可从以往的试验中归纳总结获得,有些指标数据可以通过专家咨询等方法获得,有些指标数据可以借助于仿真技术来获取。

⑤单项效能评估。将各指标用云模型来表示,并求各指标云模型的期望值和熵。通过云重心的变化情况对系统的单项效能进行评估。

⑥综合效能评估。在单项效能评估结果的基础上,从全面和系统的角度进行最终的综合分析与评估。综合评估的结果,即可作为对评估目标的一个度量标准。

⑦评估结果输出。将评估结果以字符、语言或图表的形式输出给用户。

(7)灰色综合关联分析方法

灰色关联是灰色系统的基本概念。灰色关联是指事物之间的不确定关联,或系统因子之间,因子对主行为之间的不确定关联。灰色关联简称灰关联。利用灰关联的概念和方法,从不完全的信息中,对综合电子信息系统所要评估、分析、研究的各组成分系统及其作战效能影响因素,通过一定的数据处理,在随机的因素序列间,找出它们的关联性,发现主要矛盾,找到主要影响因素。

关联分析主要是态势变化的比较与分析,也就是对系统动态发展过程的量化分析。关联分析根据因素之间发展态势的相似或相异程度来衡量因素间接近的程度。这种因素的比较,实质上是几种几何曲线间几何形状的分析比较,即认为几何形状越接近,则它们的发展态势越接近,关联程度越大。灰色关联度系数的计算,就是因素间关联程度大小的一种定量分析。由于关联度分析法是按发展趋势做分析的,因此对样本的多少没有太高要求,分析时也不需要样本数据的典型分布规律。

对各种系统进行关联分析时,首先要确定数据列。数据列包括时间序列和非时间序列(或指标序列)。时间序列所研究的系统是随时间变化的系统,其分析是通过历史的发展变化,对因素进行关联分析。而非时间序列或指标序列是研究系统随指标变化的系统,其分析是通过各因素随指标的变化对系统的影响,来分析各因素的关联情况。

令参考序列为 $x_0 = \{x_0(1), x_0(2), \cdots, x_0(n)\}$,比较序列为 $x_i(i=1,2,\cdots,m)$,其中

$$x_1 = \{x_1(1), x_1(2), \cdots, x_1(n)\}$$
$$x_2 = \{x_2(1), x_2(2), \cdots, x_2(n)\}$$
$$\cdots\cdots$$
$$x_m = \{x_m(1), x_m(2), \cdots, x_m(n)\}$$

对于 $\xi \in (0,1)$,令

$$\gamma(x_0(k), x_i(k)) = \frac{\min_i\min_k |x_0(k) - x_i(k)| + \xi\max_i\max_k |x_0(k) - x_i(k)|}{|x_0(k) - x_i(k)| + \xi\max_i\max_k |x_0(k) - x_i(k)|}$$

$$\gamma(x_0, x_i) = \frac{1}{n}\sum_{k=1}^{n}\gamma(x_0(k), x_i(k))$$

则称 $\gamma(x_0(k), x_i(k))$ 为 $x_i(k)$ 与 $x_0(k)$ 的灰色关联系数,$\gamma(x_0, x_i)$ 称为 x_0 与 x_i 的灰色关联度。$\gamma(x_0, x_i)$ 满足灰色关联四公理,其中 ξ 称为分辨系数。

根据上面的定义,在进行效能评估分析活动中,指定了参考数列 x_0(一般将效能评估中的理想能力作为参考标准)和获取了系统效能各有关因素作为比较数据列 x_i 之后,在灰关联空间里将比较数据列与参考数列进行关联计算,即可得到灰关联系数 $\gamma(x_0(k), x_i(k))$,然后聚焦灰关联系数即可得到序列 x_0 与 x_i 的灰关联度 $\gamma(x_0, x_i)$。那么该关联度衡量了实际装备作战效能与理想效能的接近程度与相似程度,如图4-7所示,因而可以将该关联度看成是实际装备效能。

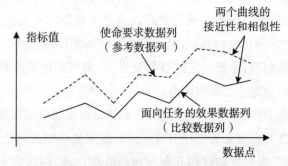

图4-7 装备效能的灰关联评估原理

　　按照上述定义的算式以及作战能力或性能数据的预处理算式,可得灰色关联度的计算步骤如下。

　　步骤 1:求各序列的初值像(或均值像)。令

$$x^{i\prime} = x_i/(x_i(1)) = (x^{i\prime}(1), x^{i\prime}(2), \cdots, x^{i\prime}(n))$$

式中,$i = 1, 2, \cdots, m$。

　　步骤 2:求差序列。记

$$\Delta_i(k) = |x^{0\prime}(k) - x^{i\prime}(k)|$$
$$\Delta_i = (\Delta_i(1), \Delta_i(2), \cdots, \Delta_i(n))$$

式中,$i = 1, 2, \cdots, m$。

　　步骤 3:求两极最大差与最小差。记

$$M = \max_i \max_k \Delta_i(k)$$
$$m = \min_i \min_k \Delta_i(k)$$

　　步骤 4:求关联系数。其算式为

$$\gamma_{0i}(k) = \frac{m + \xi M}{\Delta_i(k) + \xi M}$$

式中,$\xi \in (0, 1)$,$k = 1, 2, \cdots, n$;$i = 1, 2, \cdots, m$。

　　步骤 5:计算关联度。其算式为

$$\gamma_{0i} = \frac{1}{n} \sum_{k=1}^{n} \gamma_{0i}(k); i = 1, 2, \cdots, m$$

　　(8)多智能体(Agent)方法

　　在航天装备效能评估领域,实体是指可以被仿真系统单独辨识的体系组成成分,因此,实体既可以是对具有相同特征的一类事物的抽象,也可以是具体实例化到某一个特定的个体。具体来说,实体就是可辨识的人员、航天装备、作战部队、指挥机构、战场环境和作战行动计划等,是一切航天装备体系完成规定作战任务的作战能力及其相互影响的主体和客体。

　　对于航天装备体系效能的仿真评估,实体一般可以分为指挥控制实体、执行实体、武器级实体和战场环境实体四种类型。指挥实体控制是电子装备体系执行规定作战任务和作战命令的下达者,而执行实体则是这些作战任务和作战命令的实施者,武器级实体指的是指挥实体和执行实体所装备的预警探测、情报侦察或火力打击等作战单元实体,战场环境实体是指影响执行实体、武器级实体的作战效能和作战适用性的战场自然环境或信息环境等。

　　Agent 是实现实体的一种形式,是具有一定自主能力的智能实体,在受到外部条件触发后,具有自主决策选择行为的能力。目前不同研究领域对 Agent 的概念尚有争论,

不存在一个为大家所普遍接受的统一定义。从广义的角度理解 Agent 的特征就可以形成 Agent 弱概念，几乎所有的 Agent 都具有自治性、反应性、社会性和主动性等基本性质。对于类似于人工智能领域的研究者来说，Agent 除去具备上述 4 个基本性质外，还应该包括某些人类具有的心智特性，如适应性、协同性、学习性、移动性、推理性等，所有这些性质就构成 Agent 的强定义。

人在航天装备体系效能中具有其他所有武器装备不可替代的贡献率，因此航天装备作战效能评估的很多 Agent 具有较强的协同性、推理性等性能。根据以上 Agent 强定义，将航天装备效能评估领域 Agent 的定义如下：在航天作战或信息支援作战环境下能够独立自主地运行，感知装备作战目标，与作战环境具有交互性反馈功能，具有 Agent 强定义的性质，在与其他军兵种武器装备协同执行作战任务过程中，能够将体系作战、信息作战的战术推理和知识相结合，不断提高自身体系作战能力的智能体。

航天装备体系是由多个装备个体（或系统）所组成，这些装备个体（或系统）在战场环境中相互协同和服务，从而体现出装备体系完成规定作战任务的能力。装备体系复杂的交互作用，使得 Agent 建模方法不仅可以将注意力集中于相关的 Agent 个体行为，从底向上地观察和描述装备体系的作战行为，而且可以更加关注装备体系中发生于 Agent 间的交互行为和作用。因此 20 世纪 90 年代以来，利用 Agent 建模技术进行武器装备的作战模拟、作战效能评估取得了很多的研究成果。

世界上最大规模的基于 Agent 的仿真系统当属美国的 SEAS 系统，据称仿真的 Agent 实体数达到一亿个，使用超大规模巨型机分布式运行。美国海军分析中心采用 A-gent 技术对步兵、坦克等战斗单元进行建模，建立了概念演示实验系统 EINSTein，重点研究不同战斗单元交互规则所诱发的高层涌现行为，尝试应用复杂适应系统（CAS）理论来解决作战模拟所遇到的诸多困难。EINSTein 的总体结构分为最高指挥层、宏观指挥层、局部指挥层和战斗单元层 4 个层次。最高指挥层给出每一作战情况设想，定义宏观作战参数，制定使命目标；宏观指挥层确定下属（局部指挥层）间关系，运用战场信息，由个性权值驱动决策；局部指挥层之间存在相互作用，对其下属（战斗单元 Agent）发出指令，综合下属上报的信息，由个性权值驱动决策；战斗单元层对局部信息做出反应，通过个性权值驱动战斗单元 Agent 相互作用。EINSTein 通过制定 Agent 的底层行为规则来研究多 Agent 的相互作用以及系统的整体行为，进而分析各种因素对作战过程的影响。美军还开发了毕达哥拉斯、苏格拉底、曼娜等基于 Agent 的模型系统，其海军陆战队就利用这些模型系统来研究诸如士气、训练、纪律等传统建模仿真无法解决的问题。2001 年，澳大利亚也运用类似的工具对陆军的实验活动提供支持，韩国的军队在与美军进行的联合演习与训练中也大力利用这样的模拟仿真系统。

将 Agent 仿真方法应用于航天装备效能评估与分析,其基本思路是首先将装备体系划分为符合体系特性的、多个类别的 Agent 个体,然后建立各个类别的 Agent 模型,最后以自底向上的方式,通过对 Agent 个体性能行为、交互关系 Agent 性能行为以及作战对抗关系 Agent 性能行为的仿真来获得效能评估所需的评估数据。

4.1.5　一体化试验鉴定评估流程

航天装备一体化试验鉴定评估是一项实践性和导向性都非常强的工作,它对装备建设及装备作战能力建设能够发挥重要的促进和推动作用。为了规范航天装备试验鉴定评估过程,增强评估工作的有效性,必须深入研究航天装备试验鉴定评估基本流程的有关问题。

一种新型装备或装备系统是否有必要发展或研制,需要放在未来列装的整个装备体系框架中综合权衡。因此,一体化试验鉴定评估通常需要通过设置适当的作战对手、构建逼真的战场环境(特别是复杂电磁环境)、模拟真实的作战运用和对抗过程来检验待评价不同建设管理阶段航天装备的作战效能和作战适应性,从而在实战运用环境下对新型航天装备满足战场需求程度、真实作战能力等做出评价。

(1)广义的一体化试验鉴定评估基本流程

航天装备一体化试验鉴定评估的基本流程是一套可供评估主体和评估客体共同遵循的评估程序,以规范各类人员的权责,使试验评估工作有章可循。从广义的内涵上说,航天装备一体化试验鉴定评估可分为三个阶段,如图 4-8 所示,即试验鉴定评估筹划准备、试验鉴定评估实施、评估总结与应用,这三个阶段之间具有逻辑顺序,彼此互为因果关系。图 4-8 给出了这三个阶段和每个阶段应包含的主体工作,包括了航天装备一体化试验鉴定评估的输入条件、活动过程、资源保障、监控管理、输出结果、相互作用等要素。

在广义的航天装备一体化试验鉴定评估活动中,应遵照图 4-8 所示的 3 个阶段 8 个步骤具体实施。

① 航天装备一体化试验鉴定评估的筹划准备阶段。依据航天装备一体化试验鉴定评估的任务要求和新上项目特点,确定评估机构,选择航天装备一体化试验鉴定评估的重点内容,设计航天装备一体化试验鉴定评估方案,主要包括以下步骤。

步骤 1:领受航天装备一体化试验鉴定的评估任务。

成立航天装备一体化试验鉴定评估的相关机构,接受主管机关下达的航天装备一体化试验鉴定的评估任务,明确相关评估目标和要求。

步骤 2:设计航天装备一体化试验鉴定的评估方案。

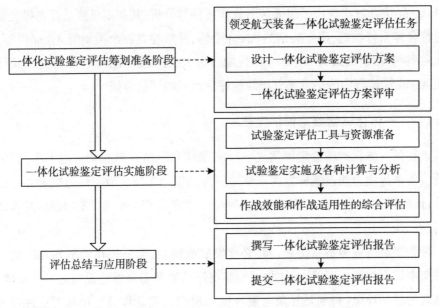

图4-8　广义的航天装备一体化试验鉴定评估基本流程

评估机构根据任务要求,设计航天装备一体化试验鉴定的评估方案(按照机关要求的样式),作为后续工作的具体指导,具体包括以下内容。

a. 使命任务分析。针对项目实际,以新形势下军事战略方针等为指导,分析航天装备所处作战体系的使命任务,及航天装备的使命任务、主要功能等,重点梳理航天装备在遂行体系使命任务中所承担的相关任务。

b. 作战场景设置。根据航天装备的使命任务分析,设置典型试验场景作为对航天装备一体化试验鉴定评估的基本背景。这里的有关要求主要包括:试验场景应明确试验时间、作战对手、作战样式、试验环境、使命任务目标等内容。

c. 试验体系构建。在典型作战场景想定下,构建航天装备及其作战对象双方或多方的试验体系方案,作为航天装备一体化试验鉴定评估的主要对象。

d. 体系对抗过程分析。针对上述使命任务、作战场景和作战体系,细化分解兵力或装备的作战过程、交战行动环节。

e. 评估指标选择。根据航天装备一体化试验鉴定的评估目标和使命任务目标,选择重点评估的航天装备作战效能、作战适用性指标。评估指标优先选择能够描述航天装备完成使命任务情况的指标,其次是航天装备在遂行使命任务过程中完成局部行动环节情况的指标。所有指标应具有明确的物理内涵。

f. 评估方法和工具手段的选择。对于航天装备作战效能、作战适用性评估指标,应结合体系对抗过程,选择合适的评估方法、评估模型、软件工具等。

g. 评估计算方案设计。根据评估指标、评估方法,采用一定的试验设计方法,设计航天装备作战效能、作战适用性的试验方案和计算方案,明确需要开展试验、计算与分析的各种情况。

步骤3:航天装备一体化试验鉴定的评估方案评审。

组织有关领域专家,对航天装备一体化试验鉴定的评估方案进行评审,重点对以下内容进行技术把关:效能和适用性试验场景设置的典型性、试验体系构建的合理性、体系对抗过程的完整性、评估指标与方法选择的科学性、选用模型和数据等的可信性、评估计算方案的可行性等。

② 航天装备一体化试验鉴定的评估实施阶段。按照评估方案,进行一体化试验鉴定评估工具和相关资源的准备,试验实施并开展评估计算与分析,形成相关评估结论,主要包括以下步骤。

步骤1:一体化试验鉴定的评估工具与资源准备。

对于选择的评估方法及模型、软件工具等,根据设置的试验场景、选择的评估指标、构建的试验体系等,完成必要的想定细化、模型建模、数据收集、软件调试、环境准备等,具备开展试验及评估计算的条件。

步骤2:试验实施及计算分析。

依据航天装备一体化试验鉴定的评估方案实施相关的性能试验、作战试验等,录取相关的作战效能和作战适用性评估数据,开展评估计算和分析,形成作战效能和作战适用性评估的相关结果。

步骤3:作战效能和作战适用性的综合评估。

在性能试验、作战试验等不同试验鉴定的评估基础上,开展作战效能和作战适用性的综合评估,给出评估结论,剖析作战效能和作战适用性高低的原因。

③ 评估总结与应用阶段。完成航天装备一体化试验鉴定的评估报告,开展必要的补充分析,并上报主管机关,主要包括以下步骤。

步骤1:撰写航天装备一体化试验鉴定的评估报告。

按照统一的格式规范(样式按照机关统一要求),总结航天装备一体化试验鉴定的评估过程中的评估指标、评估方法、评估结果、分析结论、意见建议等,完成航天装备一体化试验鉴定的评估报告。组织有关领域专家,对航天装备一体化试验鉴定的评估报告进行技术审查(评审意见样式按照机关统一要求),重点审查评估过程的规范性、评估结论的可信性等。评估机构根据评审意见,开展补充计算与分析,深化航天装备一体化试验鉴定的评估结论,对航天装备一体化试验鉴定的评估报告进行修改完善。

步骤2:提交航天装备一体化试验鉴定的评估报告。

根据机关任务要求,向主管机关提交航天装备一体化试验鉴定的评估报告等成果,加强航天装备一体化试验鉴定评估成果的应用。

(2)狭义的试验鉴定评估基本流程

在实际的航天装备试验鉴定领域,航天装备一体化试验鉴定的评估面临许多新情况、新问题需要去发现和解决,以及许多新特点和新内涵需要去发掘。尽管如此,狭义的航天装备一体化试验鉴定评估仍然遵循一般性的评估过程,如图4-9所示。

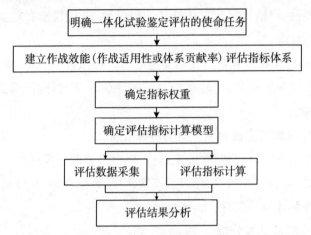

图4-9　狭义的航天装备一体化试验鉴定的评估基本流程

狭义的航天装备一体化试验鉴定的评估基本流程主要包括以下步骤。

步骤1:明确评估的使命任务。

只有明确了评估对象的使命任务,才能分析出评估的目的。需要对航天装备一体化试验鉴定评估的对象、范围、目的等进行研究、确定。分析建立被评航天装备作战能力底图,根据被评航天装备的性能特点和运用方式,明确承担的使命任务,建立作战任务清单。

步骤2:建立作战效能及作战适用性评估指标体系。

作战效能及作战适用性评估指标体系中一系列评估指标要能够准确反映航天装备完成特定任务的影响作用程度。指标应该抓住主要因素,能够全面、精炼地概括,保证评估的可信度;应该保证各指标之间的相对独立性,同时指标应具有明确的物理意义,确保指标的可测性。

首先设置对抗场景。对照作战任务清单,按照体系对抗的完整流程设置航天装备运用的典型对抗场景。在一个场景内,可区分战场环境的复杂性、对抗的强度烈度等,设置多种分支场景。其次选择评估指标。基于典型对抗场景,按照航天装备构成和作战流程,以"全军装备体系能力框架"为基本依据,选择支撑任务所需的航天装备作战能力及其指标,选择描述作战任务完成程度的作战效能和作战适用性指标;分析作战任务目标对作战效能和作战适用性指标的需求满足度判定准则,建立"能力—任务"矩阵。

步骤3:确定评估指标权重。

可以运用层次分析法(AHP)等方法给各个指标赋予权重,使每项指标在评估过程中发挥与其重要程度相适应的影响力。

步骤4:构建评估指标计算模型。

对选择的作战效能指标、作战适用性指标,建立相应的评估模型。设计试验方案或仿真计算方案,准备装备试验系统及模型等计算分析工具。

步骤5:收集评估数据和计算评估指标。

基于一体化试验方案实施性能试验、作战试验等,基于多种试验、仿真模拟等方式获得所需的评估数据,并根据计算模型开展评估指标计算。开展定量计算与定性分析,形成航天装备作战效能、作战适用性等方面的评估结论。

步骤6:评估结果分析。

依据评估结果,进行定性定量分析,提出支撑航天装备立项决策等发展、管理建设以及作战运用的意见建议。

4.2　航天一体化试验鉴定的评估指标体系

构建清晰明确、结构合理的航天装备一体化试验鉴定的评估指标体系是保证试验组织活动有序开展的基础,是试验鉴定计划、设计、实施和评估的基本依据。试验鉴定指标体系的建立对有效开展试验鉴定工作具有重要和深远的意义。常用的方法是美军指标设计标准开发程序中的使命分解方法。构建武器装备作战试验鉴定指标体系的第一项基础性工作就是对武器装备作战使命进行分解。作战使命分解的基本流程从作战使命描述开始,接着进行预期效果分析、作战使命特性分析,直至分解出作战使命指标,即武器装备作战试验鉴定的初级指标。本节在提出航天一体化试验鉴定评估指标体系构建的基本要求基础上,研究作战使命分解的基本流程与方法、任务分解的基本流程与方法以及基于分解的评估指标体系构建流程。

4.2.1　指标体系构建的基本原则

由一体化试验目的可知,建立一体化试验评估指标的目的之一是为了尽早开展作战评估。指标建立得足够科学、全面、合理,就更有利于一体化试验鉴定组织活动的开展,因此一体化试验鉴定模式评估指标体系应跟一体化试验鉴定模式流程特点相结合建立。一体化试验鉴定模式流程有以下特点:一是航天装备一体化试验鉴定内容复杂,定性和定量数据相结合,为了将航天装备一体化试验鉴定内容合理量化处理,需要构造一个科学合理的评估指标体系;二是航天装备一体化试验鉴定内容性能试验和作战试验有交互重叠,指标体系的构建应对其中大量相互关联、相互制约的因素间的复杂关系层次化、条理化,最大程度上保持指标的独立性和合理性;三是一体化试验鉴定过程是反复迭代的、动态的、实时变化的,其指标体系的建立也势必是跟随着变化,且不断调整的;四是一体化试验鉴定的重要目的之一是为了提高航天装备的作战能力,因此,其指标体系应该是建立在提高航天装备作战试验鉴定指导能力的基础上,以满足航天装备作战使命任务需求建设要求为最终目标。因此,基于航天装备一体化试验鉴定模式的评估指标体系的基本要求除了一般指标体系构建所遵循的要求之外,还需要遵循客观可测性、独立可行性、作战前瞻性和实时动态性等基本原则。

(1)客观可测性

航天装备服务于整个作战体系的作战能力节点,最终目的是完成特定的使命任务,因此在开展航天装备作战试验评估时,应突出各类作战要素,依托实兵演练、测试试验等过程,在近似真实作战的试验环境中,对航天装备的作战能力、作战效能、性能指标等进行评估,确保评估指标的可测性和评估结果的客观性及真实性。评估指标体系中各类指标还应尽量简化,提升评估结果的直观性,以便评估人员能够更好地分析评估结果。

(2)独立可行性

指标体系的构建须从武器装备能力全面性、可行性、结构层次性等反复进行综合考量,评估指标体系要素须齐全完备,不能有缺项。因航天装备及相应体系是具备多项作战支援能力的综合体,具有复杂性的特点,在评估过程中无法全面量化各要素之间的相互关联关系。为更加准确地进行评估,应使单个评价指标保持相应的独立性,减少与其他指标要素之间的关联程度。

(3)作战前瞻性

信息化作战背景下,航天装备发展逐渐向体系化作战、信息化作战靠拢。建立一体化试验鉴定评估指标要瞄准未来信息化联合作战对待评估航天装备性能的需求,不仅要考虑到当前待评估航天装备战术技术性能情况,还要考虑到敌我双方航天装备技术发展对待评估航天装备性能的能力需求和支撑促进作用。

(4)实时动态性

一体化试验鉴定按照系统工程理论的角度可以看成是一个按照一定规则变化的、

整体的、实时动态的系统,试验组织活动和内容尤其是作战试验的结构、状态、功能、目的等会随着作战使命任务的改变而发生变化。一体化试验鉴定模式下的评估指标在试验内容和活动变化过程中会发生体系结构变化。因此,航天装备一体化试验鉴定不是处于绝对静态的,评估指标是随着评估要求处于动态变化的。

4.2.2　作战使命分解的基本流程与方法

装备使命任务是装备需求论证的基本研究源点,使命任务分析是装备需求论证最初始的环节。对武器装备的典型作战使命任务进行分析,是作战试验鉴定指标体系构建过程中必须着力攻克的首要问题。通过作战使命任务分析,对作战使命任务进行层层分解,可以逐渐明确作战指挥员对执行特定作战使命任务的武器装备功能、性能等详细要求,进而对武器装备作战试验鉴定的各级指标——作战使命指标、作战任务指标、武器系统/装备体系指标(简称"武器装备指标")进行识别选取与设计开发。作战使命指标用来度量预期使命的最终输出结果,作战任务指标用来度量作战任务性能,武器装备指标用来度量被试武器装备功能。这三类指标依据目标实现程度由高至低划分为三个层次,通过各层次指标间的对接关联,在装备功能、任务性能和使命效能之间建立直接的追溯通道。武器装备作战指标(又称为"作战能力指标")分析与设计是研制高效能武器装备的关键要素,作战指标分析与设计贯穿于武器装备研制的方案论证、研制实施以及投入使用等阶段,对武器装备发展建设具有重要意义。

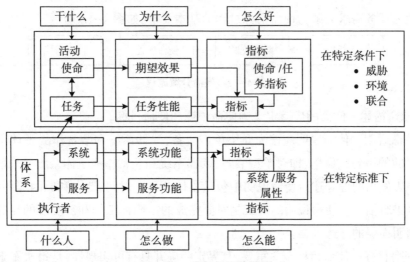

图 4-10　指标框架关系图

航天装备作战使命和任务指标的开发过程均遵循图 4-10 的指标框架关系图。这个过程将每层关系逐步分解为系列关系矩阵,此过程同样基于人们普遍认可的质量功能展开业务模型,此概念同样适用于系统或体系军事模型,即具备满足任务要求的能力。

指标开发可以与使命分析工作同时开展。装备体系结构框架产生的工件将为使命的分解、分析过程提供便利,这一过程会详述作战人员的需求,明确使命、任务、体系和系统指标的概念,如图4-11所示。过程中会涉及一系列步骤,即使命分解和使命级别指标、任务分解和任务级别指标、系统/体系功能分解及其指标,其目的是将指标关系分解为多个关系要素,以便于追踪到作战人员的需求。

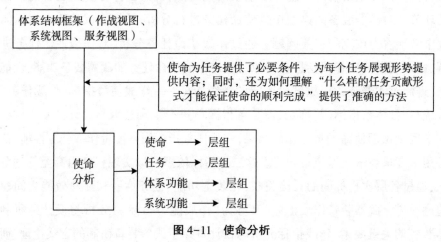

图4-11　使命分析

(1)分解要素

将使命任务需求分解为使命指标过程的基本要素,如图4-12所示。

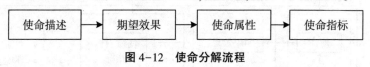

图4-12　使命分解流程

① 使命描述。使命的广泛定义为使命说明和使命目标。

a. 使命说明。使命说明应该为介绍单型装备、武器系统和装备作战子体系的本职工作和目的的短句或段落,即对单型装备、武器系统和装备作战子体系所要采取的行动和行动原因做出明确陈述。使命说明中包括主体、事件、时间、地点和原因等要素,但很少对方式进行描述。使命说明的框架是对要完成的本职性工作和欲实现的目的这两方面作出简明扼要的陈述。

b. 使命目标。使命目标至关重要,其界定明确并具有可实现性,是每次军事行动的导向。使命目标一般包含以下三个要素:一是使命目标应直接或间接地与一个或多个更高等级目标相关联;二是使命目标应尽可能地描述清晰;三是使命目标不应对其实现的方式进行详细描述。

② 期望效果。效果是单型装备、武器系统和装备作战子体系的一种物理和/或行为状态,其会引发一个动作、一组动作或其他效果。期望效果可认为是"成功的要素",可帮助人们实现相关目标,但非期望效果是"成功的负面要素",会阻碍目标实现的进程。预期效果主要包括以下四个要素:一是每个预期效果都应直接或间接地与一个或多个目标相关联;二是效果应该是可衡量的;三是说明不应对目标实现的方式和方法进行详细描述;四是效果是成功的要素之一,而非其他目标或其他任务,应区别于其支撑的目标。非期望目标的编写也应做同样考虑。

③ 使命属性。属性被定义为可通过定量或定性测定的要素特点或行动特点。使命等级中的重点是识别预期效果中的属性。

④ 使命指标。使命指标用于评估行为、能力或任务环境上的变化,是衡量创建效果的重要指标。使命指标通常比其他指标更为主观,并且可以按照定量或定性的原则来制定。使命指标可能反映一种趋势,并显示可测量阈值的进程。

（2）分解过程

使命分解过程涉及使命分解的描述、效果和指标属性,如图 4-13 所示,该过程可能会通过一系列矩阵得以执行,这样使命指标便可追溯到使命的期望效果和使命目标。图 4-13 中每个矩阵的作用只是映射行和列之间的关系,如矩阵一可能包括使命目标行和预期效果列。

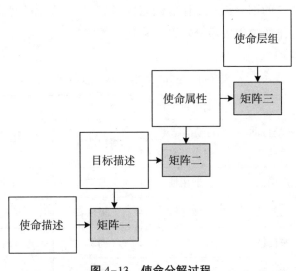

图 4-13　使命分解过程

① 使命描述与期望效果的一般准则。

矩阵一开发最困难的地方在于基于使命找到正确的信息。当然,这取决于可用数据的质量,在矩阵一的情况下,使命描述（使命说明和使命目标）和期望效果应予以确定并列入单型装备、武器系统和装备作战子体系的体系结构全景视图。一旦确定了使命描述和预期效果,必定会产生映射过程。可能需要假设如下情况来分析此映射过程,如果有人能够达到该预期效果,那么此人便对使命目标的完成提供了帮助。如果是肯定答案,则此关系存在。表4-3为矩阵—关系的格式示例,可以根据需要对其进行修改。

表4-3　矩阵一关系的格式示例

使命声明:描述本质任务和目的的简短声明

使命目标	预期效果	预期效果1	预期效果2	预期效果3	预期效果4	预期效果5
目标1		✓	✓			
目标2				✓		
目标3			✓			
目标4					✓	✓

　　确定矩阵一关系的一般准则包括:一是期望效果数应大于或等于目标;二是确保每个目标能至少被一种期望效果映射;三是确保每种期望效果能至少被一个目标映射。

　　② 期望效果与使命属性的一般准则。

　　期望效果与使命属性关系矩阵将属性映射到期望效果。由于期望效果已经在矩阵一中明确,因此矩阵二的部分创建工作已经完成,现在需要确定的是属性。矩阵二格式简单,属性和期望效果的映射关系分别以行和列的方式呈现,见表4-4。期望效果和示例属性分类见表4-5。

表4-4　矩阵二关系的格式示例

期望效果和示例属性分类

系统物理属性的改变	系统行动特性的改变	行动的结果、输出及结论	情况改变	行为改变	自由度的改变
机动性	准确性	能用性	通知	意愿	有效性
毁灭性	时效性	敏捷性	提供	回应	能用性
网络	敏捷性		训练		
集电极	适应性		要求		
可生还性					

表 4-5　期望效果和示例属性分类

属性 期望效果	属性 1	属性 2	属性 3	属性 4	属性 5	属性 6
效果 1	✓			✓		
效果 2		✓	✓			
效果 3		✓			✓	
效果 4		✓				
效果 5					✓	✓

确定矩阵二关系的一般准则包括：一是选用特种装备特种属性；二是对于使命级别的属性指标，参照条令条例等权威文件；三是对描述每个期望效果的语言加以斟酌，确认修饰语并将其翻译为属性；四是参考可能基于效果定义的期望效果和一些属性分类；五是每个期望效果至少映射一个属性；六是属性数应大于或等于期望效果数。

③ 矩阵三关系的一般准则。

矩阵三关系是使命分解过程的最后一个映射，此过程会产生一系列使命指标，它们可以被映射回使命效果和使命目标。利用矩阵二中的属性，可以开发一系列使命指标，并将使命指标映射到相关属性的过程记录下来。

指标开发的一般过程开始于属性。其重点在于使命的期望效果，因此，该指标应对期望效果的属性进行评估。如果其属性属于物理特性，那么该评估需要对资源的物理变化进行测定。反之，如果该属性为一种行为特性，那么该评估则需要对行为或者某些合成动作的变化进行测定。

矩阵三的格式简单，见表 4-6，属性和期望效果的映射关系分别以行和列的方式呈现。

表 4-6　矩阵三关系的格式示例

使命声明:描述本质任务和目的的简短声明					
属性	层组	使命层 1	使命层 2	使命层 3	使命层 4	使命层 5
属性 1		✓				
属性 2		✓				
属性 3			✓			
属性 4				✓		
属性 5					✓	✓

确定矩阵三关系的一般准则包括：一是按照指标选择的基本原则编写指标；二是每

个属性至少有一个明确的指标;三是每个指标都必须具有范围和描述两方面;四是每个指标都应该对物理或行为状态的变化进行评估。

4.2.3 任务分解的基本流程与方法

(1)分解要素

使命任务需求基于任务分解成使命指标过程的基本要素,如图 4-14 所示。

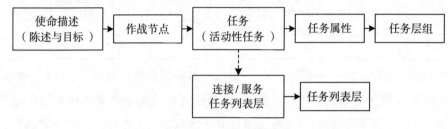

图 4-14 任务分解流程

① 使命描述。使命描述为使命或任务分解奠定了基础。

② 作战节点。作战节点是执行使命的功能节点。关键节点应显示在任务视图中,并不需要系统特定的功能性标题加以明确。

③ 任务。任务是一种行动或活动。任务可以根据需要分解为多个级别的任务、子任务、子子任务。

a. 联合/军种任务清单。联合/军种任务清单是联合任务的记录清单。各军种为了记录军种专属任务也会开发任务清单。虽然军种任务可能代表军种专属系统,但这些任务非常实用。无论如何,其目的是识别关乎使命的军种任务。

b. 任务清单指标。联合/军种任务清单也为每项任务提供了指标。该指标为联合使命任务指标的开发奠定了基础,但还不够全面和完整,其目的是识别并罗列出可能用到的任务指标。

④ 任务属性。正如使命效果,属性也能够用于确定任务。每项任务都有用以评估属性的相关指标。这些指标应该为任务执行中的任务需求提供基础。每个任务的性能都有多个观测维度,而每个维度的性能水平都设定了一个可接受标准。至少,大部分任务都可以用启动或完成该任务所要求的时间、进展、力量、完成或成功任务的整体水平、杀伤力等来衡量。

(2)分解过程

使命分解过程是从全面介绍使命出发,关键作战节点必须被视为"方法"来执行任务。任务也可分解为多个级别的详细说明。相关的联合和军种任务及其记录在案的指标,均可能是使命任务指标的来源。任务分解过程的完成以任务属性和任务指标的确定为前提,如图 4-15 所示,该过程由一系列指标构成,任务指标可追溯到使命目标,其中每个矩阵也以行和列的方式映射其中的关系。

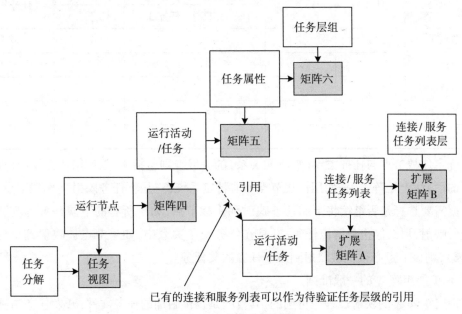

图 4-15　任务分解过程

① 使命描述至作战节点的任务视图。

使命描述至作战节点的展现形式为任务视图。标准任务视图会提供环境图示和该环境下的运行系统。通常,为了说明使命、任务和作战节点三者之间的关系,需要附加信息来加以说明。任务视图也会提供使命描述信息(包括说明和目标),还会展示使命期望效果和包括使命进程在内的高级别任务,所有其他任务会从属于其中一个高级别任务。

② 作战节点与任务关系的一般准则。

任务视图提供了作战节点和任务的高阶视角,这部分过程开发了一个矩阵,它可以将作战节点映射到作战行动。这不但需要分解活动,还需要知道哪个节点负责执行哪些活动。结果矩阵可以帮助深入了解节点与节点之间可能发生的相互作用。任务可以分解为多个从属层,因此,可能需要开发多个矩阵来充分展示所有节点到使命的映射,第一个矩阵可能是任务中最高级别的映射。

表 4-7 为高级矩阵的一个模板示例,高阶矩阵可以将节点映射到任务。此外,该表还展示了下属任务被映射到节点的过程,详细程度取决于任务等级。没有真正的准则规定在何处停止该映射过程,在使命分析过程中确定的每个任务及其下级任务都需要映射到节点。

表 4-7 节点与任务关系的矩阵格式示例

任务 / 节点	任务 1	任务 2	任务 3			任务 4
			任务 3.1	任务 3.2	任务 3.3	
节点 1	✓	✓	✓	✓	✓	✓
节点 2		✓	✓	✓	✓	✓
节点 3		✓	✓			
节点 4					✓	✓
节点 5						✓

确定作战节点与任务关系(矩阵四关系)的一般准则包括:一是使用任务视图(如果可用的话)生产矩阵;二是使用作战节点而非特定系统;三是将任务映射到作战节点;四是根据需要选择是否继续将下属任务映射到作战节点,如果所有的下属任务均为相同节点所映射,那么停止分解该任务;五是在任务父子关系中,如果节点被映射到子任务(从属),则该节点必须也被映射到该子任务的父任务。

③ 扩展矩阵 A 的一般准则。

扩展矩阵 A 的映射过程是可选的,其目的是提供附加的任务文件,开发任务指标来支持联合使命进程,该过程认可联合和军种任务清单是权威的信息来源。联合和军种任务与矩阵四中的作战行动相关,一般被记录为扩展矩阵 A。

开发扩展矩阵 A 的过程很简单,一般地,联合使命进程本身来源于联合任务,联合任务的描述会包括相关的联合和军种任务清单。在将此任务清单映射到矩阵四的活动中,会提供大部分相关的任务,该任务清单中一般还会包括一些与其他联合使命进程相关的任务。扩展矩阵 A 的格式示例见表 4-8。

表 4-8 扩展矩阵 A 的格式示例

联合使命进行操作行为(任务)	联合或单独任务	任务序号	任务标题
任务 1	J	TA ∗.∗	干扰操作
任务 2	部队	TRA ∗.∗	部队压制干扰
任务 3			
任务 4			

生成矩阵 A 的一般准则包括:一是从联合使命进程基础联合任务入手;二是在基础联合任务清单中,确定哪些支援任务、联合任务、军种任务可以被映射到联合使命进程的子任务中;三是主要将重点放在联合任务和战术任务上;四是将列于其他相关联合任务中的支援性任务视为可能包含于矩阵中的任务;五是即使在列举任务时有疑问,只要去做就对了,因为这可能会产生不错的指标。

④ 扩展矩阵 B 的一般准则。

扩展矩阵 A 中的联合和军种任务清单,可列举出记录于扩展矩阵 B 中的任务指标,扩展矩阵 B 可作为后续矩阵六开发的参考,从而确定联合使命进程的任务指标。任务清单各指标在数量和质量上存在差异,因此,在确定联合使命进程任务指标时无法为其提供完整的解决方案。

若要开发扩展矩阵 B,需要将从相关联合和军种任务清单中发现的指标罗列出来。在某些情况下,不同任务间会存在共同指标。如果可能的话,去除指标清单中的重复指标,并将其映射到每个相关任务中。由于指标清单可能会长于联合/军种任务清单,因此,将指标和任务分别以行动和使命的方式来构建矩阵较为容易,扩展矩阵 B 的格式示例见表 4-9。

表 4-9　扩展矩阵 B 的格式示例

比例	层组	联合或单独任务	操作执行 1 TA *.*	操作执行 2 OP *.*	操作执行 3 TRA *.*
%	层组 1		✓	✓	✓
Min	层组 2		✓	✓	
Max	层组 3			✓	
%	层组 4				✓

生成矩阵 B 的一般准则包括:一是将记录于各联合和军种任务中的指标罗列出来,该任务在生成矩阵 A 已明确;二是去除重复指标,但要保留其到相关联合使命进程任务的映射。

⑤ 任务—属性(矩阵五)关系的一般准则。

该过程的下一部分支持实际的任务指标开发,与确定使命级属性相似的是,任务属性也必须予以确定。矩阵五支持属性识别过程并能够将属性映射到任务。属性被定义为"要素或行动的定量或定性特征",其目的是描述行动(即任务性能)。期望性能可能在任务需求中有所描述,或者期望性能本身就是任务描述的一部分。无论是哪种情况,都应识别出某些属性以支持任务指标的开发工作。

任务属性必须代表任务的特性,而不是方式和方法的特性。在考虑某属性时,应思考这样一个问题,即"该任务是否需要(插入属性),或者体系是否需要(插入属性)?"如果答案是肯定的,那么就可以将其视为使命属性。

现在以"及时性"这一属性为例,思考这样一个问题,即"任务是否需要(及时),或体系是否需要(及时)?"在这种情景下,二者均需要具备及时性。即体系(方式)必须具备及时性才能及时执行任务。下面以"冗余"这一属性作为第二个例子,思考同样的问题,"是否需要(冗余的)任务,或者是否需要(冗余的)体系?"结论是不需要冗余的任务,但冗余的体系可能是有益的。识别任务属性的过程可能需要理解任务目的。开发书面形式的任务说明有助于识别过程的进行。矩阵五关系的格式范例见表4-10,每项任务和其子任务都应有一个标识号、标题和简短描述。

表4-10 矩阵五关系的格式示例

比例	层组	联合或单独任务	操作执行1	操作执行2	操作执行3
			TA *.*	OP *.*	TRA *.*
%	层组1		√	√	√
Min	层组2			√	
%	层组3		√		
Max	层组4			√	√

某些共同的任务属性主要包括以下内容。

a. 及时性。启动或完成任务所需的时间(即响应时间)。

b. 效能。任务取得进展的速度(如机动速率)。

c. 完成情况。威力(如交战范围)完成或成功的整体水平(如射击目标)。

d. 杀伤力。任务执行过程中的命中率。

e. 精确度。执行任务中的精密程度。

生成矩阵五关系的一般准则包括:一是针对任务需求核查任务性能属性;二是思考这样一个问题,即"任务是否需要(插入属性),或体系是否需要(插入属性)?"以验证该属性是否适合评估该任务;三是针对相关属性,对罗列于生成矩阵B中的相关联合和军种任务进行核查;四是考虑常用的任务属性;五是从联合使命进程产品和联合任务条令中开发任务描述,用来识别潜在任务属性;六是确保每项任务至少有一个属性;七是映射到子任务的属性也应该映射到该子任务的父任务。

(6)任务属性—任务指标(矩阵六)关系的一般准则

任务指标开发过程的最后一部分是利用任务属性和任务指标构建矩阵六。这需要在矩阵五中至少为每个属性—任务对开发一个指标,通常情况下,可能需要多个指标,其重点是对任务执行情况进行衡量。有的指标可能直接来自生成矩阵B中提供的联合和军种任务清单。矩阵六关系的格式范例见表4-11。

表 4-11　矩阵六关系的格式示例

联合使命进程		属性	属性 1	属性 2	属性 3	属性 4	指标		
#	标题						#	标度	指标描述
1.0	任务标题 1.0		✓	✓	✓				
			✓				TM1	%	任务的……
				✓			TM2	Min	为了任务……
						✓	TM3	Max	任务的……
1.1	子任务标题 1.1		✓						
			✓				TM4	%	任务的……

生成矩阵六关系的一般准则包括：一是按照指标选择的基本原则编写指标；二是适时使用任务清单中确定的指标；三是每个属性应该至少有一个确定指标；四是确定每个指标的范围和描述；五是指标可以跨越多级别任务，如子任务若具有及时性，那么其父任务也可能需要具有及时性；六是指标清单通常越短越好，但重要的是能够准确涵盖任务的可衡量属性。

4.2.4　基于分解的评估指标体系构建流程

（1）指标体系构建流程

指标体系构建流程是一个科学的、系统的、完整的过程，在进行构建时应当从顶层军事需求层面逐级分解，直至底层指标层面，期间需要考虑多方面因素，各因素之间也具有相关联系。图 4-16 为指标体系构建流程图。

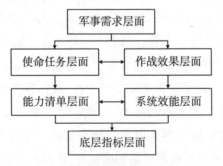

图 4-16　指标体系构建流程图

其中，军事需求层面主要对应国家军事力量发展建设，是军事装备作战效能评估的统领因素；使命任务层面对应着战时装备作战效果，是在相应军事需求下，军事力量体系所执行的特定使命和需完成的任务，和战时装备作战预期达到的效果；能力清单层面对应着系统效能层面，是再执行该使命任务期间和要完成相应作战效果，军事装备所需的具体能力和系统要具备的相应效能;底层指标层面即为在上述条件背景下层层分解所得到的最小指标单元,是装备作战效能及体系贡献率评估指标体系组成的基本要素。

(2)评估指标体系构建要素分析

① 作战过程信息流运动过程的分析。

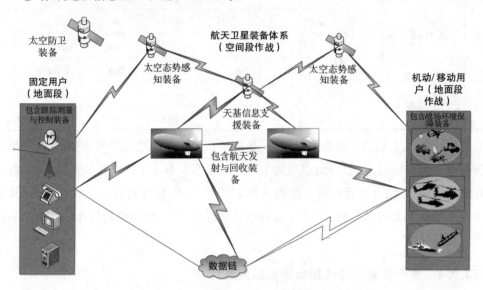

图 4-17 航天装备体系作战数据链路图

图4-17为航天装备作战数据流动链路图,从图中不难看出,数据链贯穿于整个作战过程的各个环节。按照作战使命任务的不同,将航天装备体系分为天基信息支援装备、太空态势感知装备、太空防卫装备、航天发射与回收装备、跟踪测量与控制装备和战场环境保障装备六类。天基信息支援装备主要负责目标信息获取、信息传输和信息处理与分发,支援海上、陆地和空中力量作战行动;太空态势感知装备主要负责太空目标信息、导弹预警信息获取与处理、太空环境探测与分析,为太空作战行动、争夺制天权提供太空态势信息支持;太空防卫装备主要负责干扰、毁伤敌方航天器,争夺制天权;航天发射与回收装备主要负责把航天器送往太空,或从太空把人员、物质器材送回地球;跟踪测量与控制装备主要负责航天器发射或长期在轨运行过程中的跟踪监视、测量与控制;战场环境保障装备主要负责获取战场环境信息,支持保障各军兵种作战行动。

② 基于鱼骨图的体系贡献率指标分析。

因果分析法在绘制鱼骨图时可分为整理问题型鱼骨图、原因型鱼骨图和对策型鱼骨图,本节主要采用对策型鱼骨图进行航天装备体系贡献率指标体系的分析。

在采用对策行鱼骨图进行分析时,首先要明确"鱼头"所在处的含义,就航天装备体系作战来说,鱼头所在处应为"航天装备体系效能指标体系分析"。由数据链所串联的装备体系功能结构可分为天基信息支援装备—天基信息支援系统、太空态势感知装备—太空态势感知系统、太空防卫装备—太空防卫系统、航天发射与回收装备—航天发射与回收系统、跟踪测量与控制装备—跟踪测量与控制系统、战场环境保障装备—战场环境保障系统等 6 类。从这 6 大系统入手，运用对策型因果分析法可得航天装备体系效能指标体系分析的对策型鱼骨图，如图 4-18 所示。图 4-18 还标识了这 6 大系统所对应的作战能力，即指标体系分析。

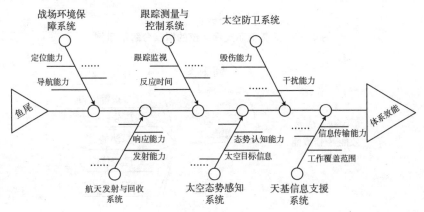

图 4-18　航天装备体系效能的对策型鱼骨图

③ 基于树状图的指标体系进一步分解。

基于鱼骨图初步分析而来的航天装备体系效能指标体系分析。指标体系虽然具有较强的逻辑性，但是不难发现，其次要因素在某种层面上还是可分的，且有些因素在进一步分解后还存在交叉覆盖的关系，这是不符合评估指标体系独立性构建原则的。另外，运用树状图进一步分析整合，可以有效地解决这一问题。树状图的使用可视为对对策行因果分析法的一种补充完善。

对这 6 大系统的次要因素进行树状图分解，需要注意以下几种情况的出现，在分解过程中，经树状图分解过后所得的指标与鱼骨图分析法得出的指标一致，且皆可通过定性分析或定量分析获得相应的量化结果，在建立装备作战效能评估指标体系时可进行合并使用；经树状图分解所得的指标比鱼骨图分析得来的更详细，此时可将这里的指标与鱼骨图分析得来的指标进行替换使用。根据这两条原则，经树状图分解且与鱼骨图对比分析后可得六个分系统指标体系和一个总的航天装备体系效能指标体系，即航天装备一体化指标体系，如图 4-19～图 4-25 所示。

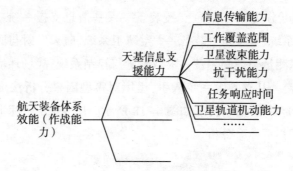

图 4-19　天基信息支援系统的树状分解图示例

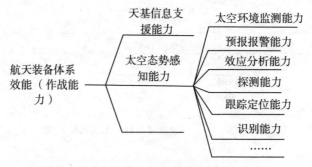

图 4-20　太空态势感知系统的树状分解图示例

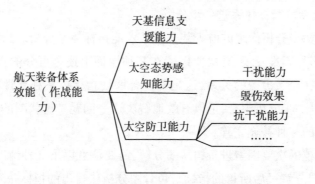

图 4-21　太空防卫系统的树状分解图示例

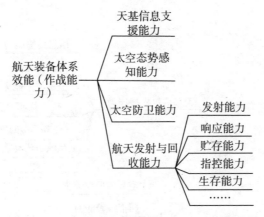

图 4-22　航天发射与回收系统的树状分解图示例

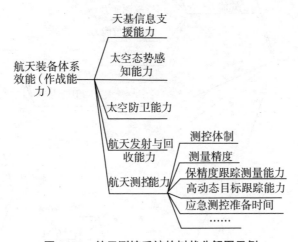

图 4-23　航天测控系统的树状分解图示例

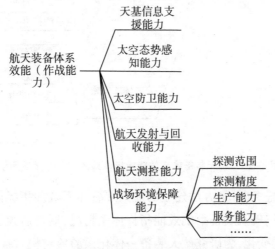

图 4-24　战场环境保障系统的树状分解图示例

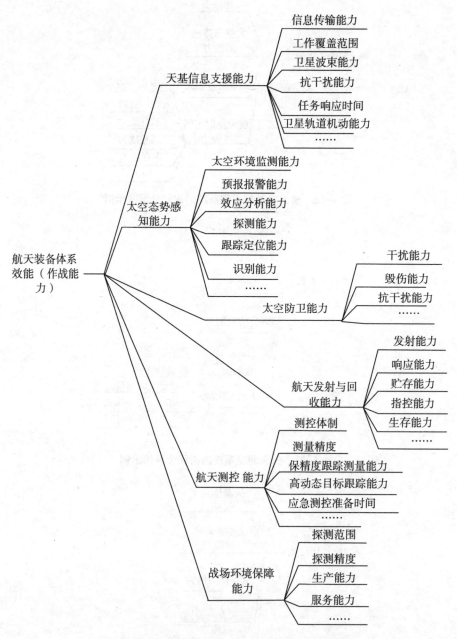

图4-25 航天装备体系效能指标体系的树状分解图示例

　　基于作战使命、任务、分解方法建立的航天装备体系效能指标体系,能够全面而客观地反映通用情况下,航天装备系统效能指标体系情况,通过后续权重划分,能够更加直观地显示出体系的变化,为研究航天装备一体化试验鉴定模式提供框架指导和体系架构。

4.2.5　典型通信系统通信能力评估指标体系构建示例

某典型通信系统的使命任务是:实现大规模联合作战和多样化军事任务中的广域移动通信保障,为各层级、各地域的各级指挥员及作战部队、边海防部队、应急分队提供可靠的手持式移动通信手段,为飞机、导弹等远程作战平台提供高速移动数据通信支持,为监测站、气象水文台站、电子侦察船等信息获取单元提供便捷的数据传输保障,同时兼顾政府部门、特殊行业在公众通信覆盖不到或瘫痪情况下的应急移动通信服务。

其作战使用要求主要包括:作战区域要求(可在典型领土、领海及周边形成可靠的通信保障能力,并在典型海域形成一定的通信保障能力)、通信业务要求(可为指挥员和单兵提供话音、短消息、数据等个人移动通信业务,为武器平台提供数据移动通信业务,为信息获取单元提供数据机动通信业务)、抗干扰要求(系统应具有一定抗干扰能力,能够通过调整通信频点、使用扩频方式、关断受干扰波束等措施,保证系统在有限干扰条件下具备一定程度的通信能力)、组网要求(系统为星状网结构,支持集中组网使用,也可支持使用规定的资源构建专网)、资源管理要求(系统采用集中管理为主、分级管理为辅的模式,实现资源动态分配,对特定用户可预分配)等。

(1)基于使命任务的分解

假设典型通信系统通信能力评估指标体系的一级指标为典型通信系统通信能力,根据上述某典型通信系统的使命任务和作战使用要求,设计二级指标包括:通信覆盖能力、动态组网与接入能力、通信业务能力、移动/机动通信能力、通信环境适应能力。

进一步,结合前述相关方法,对部分二级指标进一步分解得到相应的三级指标,对部分三级指标进一步分解得到相应的四级指标,最后得到的典型通信系统通信能力评估指标体系见表4-12。

表 4-12　典型通信系统通信能力评估指标体系示例

二级指标	三级指标	四级指标
通信覆盖能力	对典型国土覆盖范围	
	对典型海域覆盖范围	
动态组网与接入能力	动态组网能力	组网用时
		网络动态调整用时
	接入用户容量	全网容量的提升
		支持典型战术行动的通信容量

二级指标	三级指标	四级指标
通信业务能力	话音通信能力	话音通信成功率
		话音通信接续时延
		话音通信掉线率
		话音质量
	短消息通信能力	短消息通信成功率
		短消息传输时延
		短消息传输正确率
	数据通信能力	信息传输速率
		数据传输掉线率
通信业务能力	传真通信能力	传真通信成功率
		传真传输时延
		传真质量
	视频回传能力	视频回传成功率
		视频回传接续时延
		视频回传质量
	集群通信能力	集群话音功能
		集群短消息功能
		组员位置监控功能
	应急救生通信能力	应急救生短消息通信成功率
		应急救生短消息传输时延
		应急救生短消息传输正确率
移动/机动通信能力	可通信的机动速度范围	可通信最大机动速度
	降低通信设备尺寸	通信设备尺寸、重量
通信环境适应能力	自然环境应适能力	地形地貌
		气候环境
		温度环境
		昼夜环境
	电磁环境适应能力	内部电磁环境
		对抗电磁环境
	联合火力打击环境适应能力	

（2）评估指标的数据来源

通过上述评估指标体系,可明确一体化试验鉴定评估所需要的数据。在一体化试验鉴定评估过程中,评估数据来源多元,不仅来源于本次试验,还可来源于理论研究、物理模型、仿真计算、类似系统、前期性能试验、军事模拟演习等。可对所需要的数据来源进行分析,为制订合理的数据采集的手段提供依据。

可采用数据源矩阵方法对指标的数据来源进行分析和规划。数据源矩阵是一种有用的规划工具,它表明在典型通信系统一体化试验鉴定评估期间可以预期在哪里获取数据。它可以对评估项目和数据来源（或数据采集手段）做出规划和设计,确保评估项目有相应评估数据源的支持,同时还可以给出冗余或备份的数据源。通过数据源矩阵方法对指标数据来源进行分析,见表 4-13。

表 4-13　基于矩阵方法的数据源表示

评估指标			数据来源			
二级指标	三级指标	四级指标	性能试验	作战试验	仿真计算	理论研究
通信覆盖能力	对典型国土覆盖范围		√	√	√	
	对典型海域覆盖范围		√	√	√	
动态组网与接入能力	动态组网能力	组网用时	√	√		
		网络动态调整用时		√		
	接入用户容量	全网容量的提升		√	√	√
		支持典型战术行动的通信容量		√	√	

4.3　航天一体化试验鉴定的评估方法体系

充分运用建模与仿真、平行系统试验评估小子样试验鉴定、多源信息融合、机器学习评估、效能分析评估等各种技术和方法,充分利用各阶段、各种类的试验信息,构建一体化试验鉴定评价方法体系。其中,应特别注重对建模与仿真可信性评估、作战使用性能评估等问题的研究。

4.3.1　建模与仿真方法在航天装备一体化试验鉴定中的分析与运用

从 20 世纪 70 年代开始,建模与仿真成为试验鉴定广泛使用的重要手段之一,对武器装备建设全寿命过程的试验鉴定有特殊作用,可为各级试验鉴定机构提供有价值的信息,减少外场试验时间和费用,并为试验前的预测和试验后的鉴定提供支撑。尤其是对于作战试验鉴定,可使其延伸到全寿命管理周期的先期论证阶段,后延到最终的使用与保障阶段,从而使后期的作战试验鉴定更加具有针对性和有效性。伴随着信息技术、计算机技术、网络技术、图形图像处理技术的飞速发展,在计算机系统中描述和建立客观事物以及事物间的关系成为可能,与仿真理论和技术也得到跨越式发展,并在武器装备研制与试验中得到大规模使用。

航天装备系统组成正日益复杂,这些系统的一体化试验鉴定经常依靠建模与仿真来填补数据缺口。真实试验的开展会受到许多限制,而通过建模与仿真可提供整个作战任务行动内的性能表现。未来一体化试验鉴定活动毋庸置疑将极大地依靠建模与仿真工具。这就要求一体化试验鉴定必须提升目前的建模与仿真能力,包括建模与仿真资产的校核验证和确认。

本节在建模与仿真方法在一体化试验鉴定中作用的基础上,研究仿真相似理论与模型分类、国内外仿真技术的试验鉴定应用以及虚实结合试验仿真关键技术等问题。

(1)建模与仿真方法在航天装备一体化试验鉴定中的作用

系统仿真是 20 世纪 40 年代末伴随着计算机技术的发展而逐步形成的一类实验研究的新兴方法。建模与仿真(Simulation)就是通过建立实际系统模型(数学模型、物理效应模型或数学—物理效应模型)并利用所建模型对实际系统进行试验研究的过程。建模与仿真为进行实际系统的研究、分析、决策、设计、制造,以及对专业人员使用维护的培训提供了一种先进的方法,增强了人们对客观世界内在规律的认识能力,有力地推动了那些过去以定性分析为主的科学向量化方向发展。

系统仿真技术是建立在相似性理论、仿真系统方法论、建模理论、控制理论、系统科学理论之上,以计算机、相关物理效应设备及仿真器为工具,利用模型运行对已有系统进行研究、分析、试验、评估活动的一门综合性学科。随着系统仿真技术在各个行业的不断应用与发展,使仿真科学与技术逐渐发展成一门成熟的科学,形成了自己的理论方法体系,其相互之间的关系如图 4-26 所示。

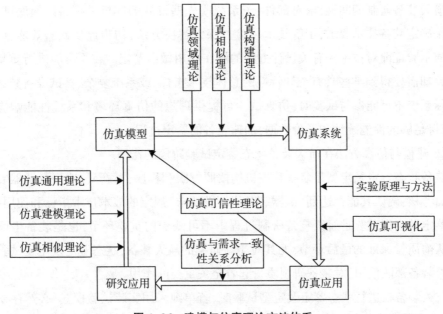

图 4-26　建模与仿真理论方法体系

航天装备是技术含量高、结构复杂的大系统,同时又是信息化武器装备体系的组成部分。因此,对于航天装备的一体化试验鉴定,必须运用系统工程的方法。从系统工程思路出发,将建模与仿真试验贯穿于航天装备的全寿命阶段,包括航天装备的性能试验、鉴定试验、作战效能试验及以及配发部队后的在役考核试验等各个环节。

① 建模与仿真方法在航天装备性能试验阶段的作用。

航天装备性能试验鉴定的目的是为工程设计和研制提供帮助,并验证技术性能规范是否得到满足。性能试验通常反复迭代地使用计算机数学仿真、模拟器、系统试验台和系统样机或系统全尺寸工程研制模型等仿真试验技术。

a. 在航天装备的论证、方案设计及技术开发阶段,建模与仿真方法是装备试验的主要手段。

在装备的论证及方案设计阶段,主要是根据作战需求及型号论证任务,通过必要的论证与试验,分析装备型号指标及要求的合理性、可能性、经济型,提出作战使用要求、战术技术性能,提出总体方案设想,设计、优化总体方案,进行方案的原理性试验。

此时,可以在实验室利用建模与仿真技术对装备的设计方案建立虚拟模型,进行数学仿真,通过仿真试验分析评估各种技术途径和备选方案的可行性,确定战技指标及选择最佳的保障方案,演示和评估关键子系统和部件的能力,为决策提供辅助支持。

b. 在装备科研摸底试验阶段,建模与仿真方法是解决实装试验技术难题的重要工具。

航天装备研制期间,要求对部件、子系统或先期发展的样机进行科研摸底试验,其目的是确定装备技术要求,了解技术风险并探索解决方法,初步评估武器效能,以便在系统演示验证前对技术和有关设计方法的潜在应用做出鉴定。在不可能进行重复的实装试验却需要得到某些具有统计特性的总体技术指标,或系统复杂、参试设备数量有限而实际系统不可能参与试验时,仿真试验可提供理想的仿真环境和系统性能响应的手段,获得足够的性能统计和评价数据,加速装备的鉴定过程。

② 建模与仿真方法在航天装备状态鉴定试验阶段的作用。

装备状态鉴定及定型是装备管理机构按照权限和程序,对新研、改型等武器装备进行全面考核,确认其能否达到"武器装备研制总要求"规定的战术技术指标和使用要求。状态鉴定及定型试验是航天装备研制过程中不可缺少的重要环节,也是装备生产及交付部队前质量保证的最后环节,尤其对于新研制的航天装备,状态鉴定及定型试验决定其能否装备部队使用,对装备研制质量起着至关重要的作用。

航天装备在进行状态鉴定及定型试验时,若单纯采用实装试验模式,必然存在试验消耗大、试验周期长、某些战技性能无法通过飞行试验考核的问题,尤其是未来战场环境复杂多样,这些环境条件在实装试验中也不可能全部实现。因此,实装试验得到的数据只是特定状态鉴定试验条件下的结果,不能全面反映装备对不同特性目标(不同速度、不同机动特性、不同反射特性)及环境因素干扰下进行攻击的效果,也就不能全面考核武器系统战术技术性能。运用建模和仿真方法已成为试验鉴定方法发展的必然趋势,在确认仿真模型有效性的基础上,利用仿真试验,结合飞行试验结果对武器系统战术技术性能做出全面评定,最终实现减少试验用弹量、缩短试验周期、降低试验消耗、增加试验结果置信度、提高靶场定型试验质量的目标。

③ 建模与仿真方法在航天装备作战试验鉴定中的作用。

航天装备作战试验鉴定的目的是确保装备在逼真的战场环境下能够满足经过确认的用户需求,重点关注作战需求、装备作战效能和作战适用性。在作战试验鉴定中采用建模与仿真技术,能够帮助解决与数据可靠性、有效性相关的问题,增加装备鉴定所需要的数据,消除对其误解或进行误操作的可能。

装备作战仿真是仿真试验的一个新方向,是研究装备作战效能的新手段。装备作战仿真是基于现代作战仿真(作战模拟和分布交互仿真)技术,在虚拟的作战环境中进行的与装备有关的仿真研究,是装备作战模拟的发展,是现代仿真技术在装备工作中的具体应用。该方法能将装备、作战环境和指战员有机地结合在一起,克服传统的作战模拟和装备仿真的不足,提高仿真结果的可信度。

在建模与仿真方法应用的整个过程中,通过仿真质量控制,不断进行反馈,以提高各个环节的可信性;仿真活动促进仿真建模、仿真系统构建,进而对对象的研究会更加深入,仿真系统的运行会更加接近研究对象,仿真与需求的一致性也在不断提高以满足仿真需求。

(2)仿真相似理论与模型分类

系统仿真相似理论是以仿真为目的寻找不同事物、系统、信息之间的相似性的理论,不是泛指的相似性,它是使仿真成为现实的基本理论,在研究范围上,比一般的相似理论有所缩小。根据相似理论的内涵,其可分为实物模型、数学模型、系统的相似理论。

① 实体模型相似理论。

实物模型是根据一定的规则对系统简化或比例缩放而得到的,因此实物模型的相似理论是研究实物与人造模型的相似理论,以物理相似、几何模型相似为基础,主要研究实物模型的几何相似、运动学相似、动力学相似三部分。在实物模型相似理论研究的基础上,诞生了物理学方程式两边物理量纲必须完全相同的量纲原理和相似三定理,有力地指导了实物模型仿真试验。

相似第一定理(Similarity first theorem):在相似现象中,各相似准则或特征数相等,相似值为1。

相似第二定理(Similarity second theorem):凡具有同一特性的现象,若单值性条件(它包括几何条件、物理条件、边界条件和初始条件)彼此相似,且决定性准则(由单值性条件中的变量组成的相似准则)的数值相等,则这些现象必定相似。

相似第三定理(Similarity third theorem):假设现象是由 N 个物理量的函数关系来表示,且这些物理量中含有 M 种基本因次时,那么描述该现象的函数关系可表示成$(N-M)$个相似准则间的函数关系式。

根据以上定理,两个物理现象相似有三个必要条件:微分方程组相同,微分方程组唯一定解的条件相同,满足唯一解条件的所有物理量的相似准则相同。

相似第一定理从相似现象的本质上揭示了试验中应测定的物理量,试验数据如何处理才能反映客观实质;第二定理从相似条件揭示了模型实验的条件,实验结果可应用到哪些现象,即如何构建模型;第三定理提出了对模型试验结果的整理分析以及推广应用。

② 数学模型相似理论。

数学模型是对现实世界的一特定对象,按照其内在规律,做出一些必要的假设并运用适当的数学工具而得到的数学结构。数学模型的相似理论以表述不同类事物的数学表达式为相似基础,它通过对真实对象数学模型的研究,揭示真实事物内在运动和动态特性。

仿真对特定领域研究时,需要建立领域相关的数学模型,揭示研究对象之间的相似规律。数学模型相似理论主要研究连续系统动力学的数学相似,离散系统动力学的数学相似,场的相似,概率、模糊集、粗糙集的数学规律相似以及图的相似等。

③ 系统相似理论。

系统相似理论是以两个系统的结构、功能、性能、存在与演化为相似研究重点,主要包括:系统结构的相似、系统功能和性能的相似、系统人机界面的相似以及系统存在和演化的相似。对于复杂系统还要考虑两个系统的非线性、涌现性、自治性、突变性等性质上的相似。

用于仿真的模型,从模型形式上可以为概念模型、数学模型和物理模型。

a. 概念模型。概念建模是对真实世界及其活动的概念抽象与描述,是运用语言、符号和框图等形式,对所研究的问题抽象出的概念进行有机的组合。概念建模的深入研究始于 1995 年,美国国防部建模与仿真办公室(DMSO)发布"建模与仿真计划把任务空间概念模型(CMMS)"作为建模与仿真技术框架的三大技术标准之一。

概念模型的难点在于概念知识的抽取和描述,不同的抽象方法可以获得不同的模型结构。目前概念建模方法主要有:实体—关系法、面向对象法、基于本体法。概念模型对模型的重用与互操作、对模型描述的一致性、对避免模型重复开发有重要意义。

b. 数学模型。数学模型是用抽象的数学方程描述系统内部物理变量之间的关系而建立起来的模型,可分为原始系统数学模型和仿真系统数学模型。原始系统数学模型又包括概念模型和正规模型。概念模型是指用文字、框图、流程等形式对原始系统的描述。正规模型是用符号和数学方程式来表示的系统模型,其中系统的属性用变量来表示,系统的活动则用相互有关的变量之间的数学函数关系式来表示。原始系统数学建模过程成为一次建模。仿真系统数学模型是一种适合在计算机上运行计算和试验的模型,主要根据计算机运算特点、仿真方式、计算方式、精度要求,将原始系统数学模型转换为计算机的程序。仿真试验是对模型的运行,根据试验结果情况,进一步修正系统模型。仿真系统的数学建模过程成为二次建模。

数学模型又可分为确定性数学模型和随机型数学模型,前者又分为连续时间模型和离散时间模型,后者可分为随机噪声数学模型和系统随机型数学模型。连续系统常用的数学模型有微分方程和传递函数。系统微分方程可以通过反映具体系统内在运动规律的物理学定律获得。传递函数是描述线性连续系统输入输出特性的一种数学模型,是经典控制理论的数学基础。离散系统主要是对实体对象、事件、活动、过程建立模型,反映仿真系统状态转移过程中执行的动作或操作方式。

c. 物理模型。物理模型与实际系统有相似的物理效应,又称为实体模型,是根据一定的规则(如相似原理)对系统简化或者比例缩放而得到的复制品,其外观与实际系统相似,描述的逼真感较强。一般分为静态物理模型和动态物理模型两种。

静态物理模型最常见的是比例模型,如用于风洞试验的飞行器外形,或产生过程中试制的样机模型等。动态物理模型的种类更多,如用于模拟飞行器姿态运动的三自由度转台、用于模拟目标反射特性的目标仿真器,又如在店里系统动态模拟试验中,利用小容量的同步机、感应电动机与直流机组成的系统,作为电力网的物理模型用来研究电力系统的稳定性。

(3)国内外建模与仿真方法在试验鉴定中的应用

① 美军分布式仿真技术发展。

美军历来都十分重视通信网络的建模与仿真的研究工作,自1991年成立国防建模与仿真办公室(DMSO)以来,1995年5月制定了国防部建模与仿真主计划(MSMP),提出了联合仿真的高层体系结构(HLA),并建立了建模与仿真的管理和技术框架;2001年在联合技术体系结构(JTA)中又对建模与仿真技术的研究与应用制定了相关技术体制规范。多年来,在上述计划和规范的指导下,美军开发了大量的网络仿真与应用软件,其通信网络的建模与仿真研究已经从简单的算法、协议和设备仿真,发展到战术通信系统与C4ISR相结合的综合应用仿真。

基于建模与仿真技术的开发与应用,美国多家研究机构和公司(MTTRE、SAIC、SRI、MIL3)相继开发出多种应用于战术互联网系统仿真与综合应用的系统,包括:TIMS、SIM-NET、NETWARS、SEAMLSS等系统。

a. TIMS。TIMS是由SRI基于OPNET开发的战术互联网防震系统,作为WIN体系结构和JIEO体系结构认证与演示工作的一部分,不仅可用于评估作战人员的需求和更深入地验证WIN中的体系结构概念,同时可用于战术互联网、战术无线电系统和移动用户设备系统的建模与仿真研究,它由仿真模型库、图形化用户界面和OPNET集成分析工具组成。

b. SIMNET。SIMNET是同构型广域网系统,作用是将各单兵使用仿真器连接到网络上,形成一个共享的仿真环境,进行各种负责任务的综合训练。该系统由多台服务器和工作站基于局域网构成,包括VPLGR(用于仿真GPS信息)、Applique(仿真FBCB2)、INC仿真器、TIM服务器(存储战术互联网系统设备及协议模型)、ModSAF(想定生成器)和Pathloss服务器(仿真网络拓扑变化)。

c. NETWARS。NETWARS是基于美军HLA标准和OPNET仿真平台开发的联合战术建模与仿真工具,目的是规范战术通信建模与仿真标准,保证多种仿真模型的可重用性和互操作性,以减少系统建模与仿真时间。其规范了两层结构的标准建模参考模型,顶层为 OPFAC(Operational Facility),底层为 OE(Operational Element)和 SE(System Element)。OPFAC 是搭载于特定平台上的一组通信装备的集合,可以是通信网络的一个节点或子网;OE 负责从外部得到仿真所需的环境相关信息(路径、状态和流量等);SE 为具体通信设备的仿真模型。

d. SEAMLSS。SEAMLSS 是基于 HLA 建立的一种仿真评估系统,可实现多种战术无线网络仿真系统的融合与联合仿真。该系统由 6 部分构成:C4I 系统,提供人与装备之间的接口;C4I 到仿真接口,负责将真实的 C4I 信息转换为标准的数据交换搁置 DIF,并实现 DIF 到 RTI 的接入,同时产生业务分组流到 SEAMLSS 的线程管理;RTI,实现 HLA 规则的软件库,以满足多仿真联合实体实现分布式两河仿真,保障两河仿真下的时钟同步;ModSAF,负责将实体映射为 OPFAC,给出 OPFAC 的移动与状态信息,同时建立初始化文件;线程管理器,负责组织和管理来自 C4I 的信息流;通信仿真,负责基于 OPNET 的联合仿真。

② 国外仿真技术在军事上的应用。

以美国为代表的发达国家,仿真系统已嵌入作战系统,成为战斗力的重要组成部分;支持武器装备研制、装备采办、体系对抗仿真、联合测试与评估、联合战场仿真环境等相关工作。

a. 武器装备研制和武器系统仿真。

在武器装备研制方面,美国各军兵种及各大军火公司均建有自己的大型仿真试验室,特别是美国各大军兵种,都建有种类齐全的半实物仿真试验室,可以进行单一装备和多种装备的综合性能仿真试验与作战仿真试验。如陆军红石兵工厂,建有红外、毫米波、射频、红外成像等多种制导体制的综合仿真试验室,可以满足陆军装备各种制导武器的半实物仿真需要。

美国还通过分布式仿真网络,将各大仿真中心与作战指挥中心、军事基地等连接起来,可以进行实时的武器装备作战半实物仿真,进行战术演练,评价武器系统的作战能力。

在武器系统仿真方面,美国陆军高级仿真中心的武器系统仿真设施包括三个屏蔽室中的全尺寸武器系统地面设备,能够实现设备之间的互联,并能与其他设备互联。借助于大量半实物仿真技术并将武器系统仿真应用到战场仿真中去,能够对性能指标、控制策略和体系以及不同武器系统之间的互操作性进行模拟研究,并能对多目标、多武器系统环境下的各种武器进行详细的性能评估。

b. 体系对抗仿真。

美国十分重视体系对抗仿真技术的研究及应用,都将不同内容、位于不同地点的仿真器进行联网,组成分布式一体化的综合仿真试验环境,用于综合作战仿真试验;还结合先进的建模仿真与高性能计算机组成虚拟战场,对武器系统进行研制试验、鉴定与作战训练。为实现仿真互操作与重复使用,美国的体系对抗仿真正在向通用的高层体系结构(HLA)方向发展,并正在开展可扩展的仿真服务框架研究。

大规模体系对抗仿真系统及其关键技术是国外发达国家研究和突破的重点,近年来国外开展的主要仿真项目和计划如下。

美国的综合战区演练 STOW 计划。由美国国防部高级研究计划局和美国大西洋司令部联合开展的先进概念技术演示计划后取名为综合战区演练(STOW)计划。1997 年10 月,举行了 STOW97 的联合演练,参加演练的节点分布于美英两国 5 个不同地点,通过一个先进且安全的 ATM 网利用 DIS 互联进行演练和功能演示。

欧洲大型军事演习。从 1996 年起,欧美联合进行每年一次的大型分布式军事演习,演练关于战区导弹防御体系与来袭目标的对抗,参加国有美、英、德、荷兰、丹麦等,演习目的是评估战区导弹防御协同作战效果。

战争模拟 2000。战争模拟 2000 是美国弹道导弹防御组织和联合国家测试中心共同开发的下一代作战指挥和控制仿真系统,它主要用于国家导弹防御系统(NMD)和联合战区空中导弹防御系统(JTAMD)的概念评估、战略战术和作战过程等研究。

千年挑战 2002。千年挑战 2002 是迄今为止美国国防部组织的规模最大、复杂程度最高的多目标的仿真活动。MC2002 用了多于 30 000 个实体仿真和相应的 C4ISR 系统,13 500 人参加演习,使用美国国防部的 HLA/RTI 的演化版本联结分布在不同地方的9 个实际训练场和 18 个模拟训练场,共使用了 50 个作战仿真系统,80% 由计算机仿真完成。

③ 国内仿真技术的发展。

我国仿真技术的应用和发展已有四十年的历史,取得了丰硕的成果。

在仿真共用技术和关键技术方面,如建模、验模理论和方法,基于 HLA 的仿真支撑软件、CGF、环境仿真及 VR 技术、仿真标准及规范等取得了一批成果,为满足体系对抗仿真的需要,建立了包括武器平台模型、作战模型、环境模型和评估模型等在内的模型体系,对大型复杂仿真系统 VV&A 与可信度评估技术等进行了初步探索,开发了一系列仿真运行支撑环境和建模支撑环境等工具软件,提高了仿真系统的开发及运行技术水平。

(4)基于虚实结合的试验仿真

虚实结合仿真要求多个仿真系统和实装系统进行结合,各子系统之间能够实时交互数据,因此对仿真基本框架提出很高的要求。目前,基于该需求的仿真框架包括

TENA 架构、HLA 架构等。国内对 HLA 架构应用已经比较成熟,采用分布式仿真体系结构,将分散的实装和模拟系统互联起来进行 LVC 仿真,这是解决当前信息化条件下联合试验和训练的有效手段。实况仿真 L(Live Simulation)是指真实的人操作真实的系统,变现为传统的武器装备外场试验、实兵演习等。虚拟模拟 V(Virtual Simulation)是指真实的人操作虚拟的系统,如决策指挥训练以及模拟器技能训练等。构造仿真(又称推演仿真)C(Constructive Simulation)是指虚拟的人操纵虚拟的系统,主要是通过仿真软件建立计算机作战模拟和装备试验仿真系统等。

基于 LVC 的试验与训练其概念形成主要是在美国,由于利用计算机模拟系统进行试验训练可以大大节约经费、减少伤亡,美军从 20 世纪 70 年代开始大力发展计算机模拟训练,研发了一系列的计算机模拟器和推演模拟系统。随着联合作战概念的提出以及网络的发展,美军将部分模拟器和部分推演模拟系统分别互联用于不同层次的联合训练,构建了一系列的综合训练环境,并逐渐发展形成了一系列的分布式仿真协议和标准,包括 DIS、ALSP、HLA 等。但是,无论是模拟器互联还是推演模拟系统互联,都存在一个明显的缺点——训练与实际作战脱节,即受训的各级作战人员在训练时使用的装备与实际作战时使用的装备不一致。同一时期,美军也尝试了将模拟器与实际装备互联进行训练,却取得了良好的训练效果。于是,美军将这种模拟器与实际装备互联进行训练的理念进一步扩展到将实兵系统、模拟器和推演模拟系统三者互联在一起进行训练,这样既能发挥模拟系统节约经费的优势,又能为受训者提供贴近实战的训练环境,最终形成了 LVC 训练的概念。

2002 年 6 月 24 日至 8 月 15 日,美军进行了具有里程碑意义的"千年挑战 2002"("MC2002")演习。此次演习中,美军第一次采用了类 JLVC(Joint Live Virtual Constructive)联邦的环境来支撑演习,通过这次演习,美军发现在部队地域分散和演习经费有限的情况下,模拟系统能为组织大规模实兵演习起到黏合剂的作用,实兵系统则能为受训者提供近似实战的训练体验,肯定了 LVC 训练方法的效果。2004 年,美军发布了《训练能力选择性分析报告》(*Training Capabilities Analysis of Alternatives*, *TCAoA*),对军事训练和模拟仿真系统建设情况进行了系统性分析,报告明确指出:"单纯的模拟训练不能替代实兵训练,如果模拟训练不和实兵训练相结合,训练的效果可能不好,甚至会对作战起负面的作用",从侧面肯定了 LVC 训练方式。

"千年挑战 2002"演习后,联合国家训练能力(Joint National Training Capability,JNTC)项目开始推动以 LVC 训练方式进行演习,大力支持 JLVC 联邦建设。2002 年至今,美军在"红旗军演""北部利剑""TS09"等系列军事演习中都采用了 LVC 训练方式。2009 年 2 月和 2010 年 4 月,美国国防分析研究所分别发布了 2007 版和 2009 版的《训练部门建模与仿真业务计划报告》(*Training Community Modeling and Simulation Business Plan*,TMSBP),报告明确提出要"大力发展建设作为美军训练转型的使能器的 LVC 训练环境,使得美军能像作战一样进行训练"。报告通过对投资的八个主要联邦项目(包括联合多分辨率建模联邦 IMRM、联合实兵虚拟推演联邦 JLVC、联合陆军推演训练能力多分辨率联邦 JLCCTC-MRF、联合陆军推演训练能力实体分辨率联邦 JLCCTC-ERF、战斗部队战术训练器联邦 BFTT、海军持续训练环境 NCTE、海军陆战队可部署虚拟训练环境联邦 DVTE 和空天协作环境联邦 ACE)进行分析指出,未来要利用面向服务的体系架构(SOA)、网络中心的数据集成和具有无缝互操作能力的 LVC 训练环境来提高国防部的训练能力。

军委主管部门已经明确了试验鉴定工作流程,在装备全寿命周期内基本形成了"性能试验—状态鉴定""作战试验—列装定型""在役考核—改进升级"3 个环路,作战试验和在役考核成为装备从设计定型到配发部队形成战斗力过程中必不可少的环节。在作战试验中,尽管装备会少批量成建制的装配部队,但要检验部队在全要素环境下的作战适用性,基于实装—模拟—构造的 LVC 仿真能够最大限度地发挥各个靶场、训练基地的试验资源和训练资源,提高装备试验训练的效益、节约资源。

4.3.2　平行系统试验评估方法在航天装备一体化试验鉴定评估中的分析与运用

平行军事体系是基于 ACP(Artificial Systems,Computational Experiments,Parallel Excitation)的方法,这个体系构建了与真实军事系统平行运行的虚拟军事体系,可以用于对实际军事体系进行研究、辅助管理和控制,也可为解决军事系统的复杂性和认识能力的有限性的矛盾提供一条新的途径,推进战斗力生成模式的转变。平行系统试验是以现实靶场和虚拟靶场构成的平行靶场为基础,以物理试验和数字试验的结合为途径,从而实现技术性能试验向体系对抗效能评估拓展的一种科学方法。现实靶场是由试验对象、试验环境、测量测控系统、指挥通信系统、后勤保障系统等要素组成,是按照试验要求构建起来的有机的整体,能够实现一定条件下的测试环境模拟,为试验鉴定和质量监控提供必要的数据样本。虚拟靶场是由计算机生成的虚拟对象构成的靶场仿真环境,根据试验对象的目标作战环境,可以构建完整的对抗对象体系、复杂的网络信息环境以及丰富多样的试验环境和运行条件。通过对装备体系能力检验问题的数字试验,形成对现实靶场试验样本的扩展,从而全面、客观地得出体系效能评估结论。现实靶场和虚拟靶场共同构成逻辑靶场。此处主要研究平行系统试验的基本框架及主要内容以及开展平行系统试验的基本方法。

由平行系统理论衍生出的平行系统试验既能解决多种试验结果的预测鉴定,又能通过仿真系统补充现实试验存在的短板不足。立足平行系统理论内涵提出的基于天基信息支援系统的作战试验框架,如图 4-27 所示。

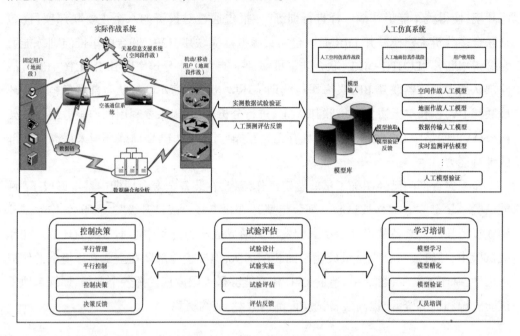

图 4-27　基于天基信息支援系统的作战试验框架

图 4-27 的框架分为三个部分,实际作战系统、人工仿真系统以及平行执行过程。实际作战系统包括空间段作战和地面站作战,之间通过数据链传输信息,通过各类传感器将数据进行传输给人工仿真系统。人工仿真系统接收数据,通过计算实验相对应地建立人工空间段、人工地面段以及用户使用段仿真模型,通过建立模型库,根据不同的作战任务描述,选择不同的模型进行作战预测和评估并反馈给实际作战系统,实际作战系统根据反馈的评估数据,进行分析和融合发现装备编配缺陷和战技性能指标设计缺点,从而改进装备的研制设计、采办决策和作战方案设计。上述过程可以等同于两个系统的平行执行过程,值得一提的是这个过程中需要作战指挥人员、试验执行人员、管理人员、装备操作人员等参与,试验的反馈和学习也包括人员的学习和培训。该框架设计的目的是在平行系统理论的指导下,通过平行执行过程和计算实验方法的选择,实现实际作战系统和人工仿真系统发挥出 1+1>2 的作用。基于该航天装备作战平行系统框架,研究其平行执行过程,由此来设计基于平行系统理论的航天装备作战试验评估流程。

平行系统试验采取实战环境与仿真环境相互平行交互的方式设计作战试验流程。基于平行系统的航天作战试验流程分为人工系统(仿真试验)和现实系统(实战演练)

两个部分,二者平行交互推进。试验流程中的主要功能包括以下四个方面:一是人工系统对作战试验进行模拟预测;二是现实系统对作战试验进行现地评估;三是人工系统和现实系统实时交互,人工系统可以对现实系统进行辅助决策;四是对比分析人工系统和现实系统产生的数据,对人工系统的模型进行优化;五是发挥作战试验主导作用,指导装备采办、编配、和研制工作。具体的试验流程,如图 4-28 所示。

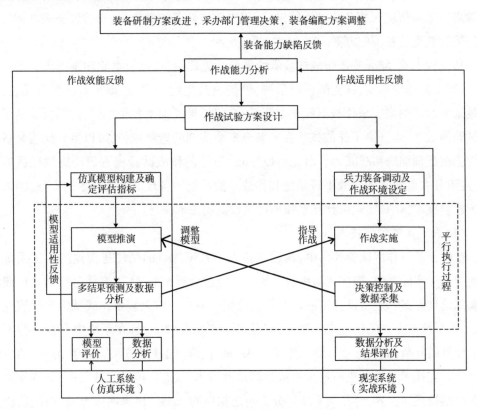

图 4-28　基于平行系统的航天作战试验流程设计

具体流程设计如下:①由作战任务牵引,针对试验装备的特点,对预期实现的作战能力(作战效能和适用性)进行分析,制订作战试验整体方案。②结合试验任务需求,在人工系统中构建相应的仿真模型,确立相关评估指标,同时在现实系统中,抽调相应的航天装备,构建近实战的作战环境,准备实施作战演练/作战支援演练。③人工系统可以进行先期推演,也可以与现实系统中的作战试验同步进行。模型推演通过在人工系统中设定不同条件,进行多种结果的平行预测,将人工系统中获取的数据及推算的结果预测用于指导现实系统中的作战实施。④在现实系统中实施作战演练/作战支援演练,指挥控制方式不同,获取的试验结果数据也不同。通过演练场地的传感器获取试验数据,经过计算实验、并行处理后,用于调整人工系统中的模型。⑤将现实系统中所采集的数据与人工系统中的数据进行比较,分析存在的差异和可能存在的问题,然后从可靠性、可信度和仿真评估效果等方面对模型进行评估优化。⑥通过计算实验或人工系统建模技术构建的模型和算法,实时分析人工系统和现实系统中的数据,评估装备的作战效能。⑦通过计算实验或人工系统建模技术构建的模型和算法,实时分析现实系统中的结果和数据,用于评估作战适用性。⑧根据航天装备作战效能和作战适用性的评估反馈进一步解析航天装备战技性能缺陷,用以改进装备研制方案、支持装备采办部门管理决策和调整装备编配方案。

从流程上看,航天装备作战试验借助平行系统理论,通过数据驱动进行人工系统建模、计算实验场景推演、试验解析与预测、管控决策优化与实施、虚实系统实时反馈、实施效果实时评估来完成作战试验整个闭环,又将结果反馈给各个部门,这不仅提高了作战试验的效率,也提高了作战试验在装备全寿命周期的指导地位,可以更好地将装备战技性能贴近预期的实战能力。由此可以发现,设计的作战试验流程想要高效顺畅地运行,离不开在航天装备作战平行系统和作战试验流程中各环节关键技术的支撑,即人工系统建模技术,计算实验设计技术和平行执行机制技术。

(1)人工系统建模技术

在航天装备作战试验评估中,构建虚拟人工系统的目的是使得构建的人工系统模型更趋近于实际系统,即实战演练各系统。后经过计算试验,人工系统运行结果反馈实战演练设计方案和装备设计论证方案并进行相应调整。航天装备作战试验实际演练系统中,各系统节点之间信息交互频繁,但是各节点相互独立,且在系统中存在一些不可解析计算的复杂问题,这里可以采用基于 Agent(代理)的建模方法。基于 Agent 的建模理论和仿真技术是目前进行复杂系统仿真最具活力、最有影响的方法之一,其基本思想是通过模拟现实世界,将复杂系统划分为与之相应的 Agent,以自底向上的方式,从研究个体微观行为模型入手,进而获得系统宏观行为的模型。其优点是通过对成员个体行为规则的建模,能够实现大量对象宏观行为的计算试验;其缺点是当在个别 Agent 对象中加入复杂的计算过程和模型时,将破坏系统的平衡性,对宏观行为的观察带来困难。而值得注意的还有两点:①鉴于现有人工智能和深度学习的快速发展,基于 Agent 建模方法可以融入神经网络、模糊自适应的方法进行完善和改进;②人工系统模型建立以后应设计模型检验方案,通过考察模型精度、模型自适应性来判断模型与实际系统的贴合度。

(2)计算实验设计技术

计算实验是指在构建的人工系统中利用多种实验方法进行各种实验事件仿真试验,利用其可重复的特点,在航天装备作战试验中对实际作战演练行为进行预测、分析和评估,迭代反馈,调整航天装备方案设计和决策。航天装备的每次作战试验都消耗巨大,通过引入计算实验,视人工系统为生长培育各类复杂事件的手段,一个可控可重复的实验室,大大减少了作战试验的成本消耗,并且利用计算实验技术在人工系统上进行各种实验,可对复杂系统的行为进行预测和分析,也可为现实系统的控制决策提供更加可靠的数据参考。根据计算实验设计技术涉及需要着重考虑的内容,航天装备作战试验在人工系统的方案设计部分可以考虑基于 Agent 的计算实验方法;在作战效能和作战适用性评估部分现阶段比较常用的方法还是定性和定量相结合的方法,如专家经验评估、模糊评估方法、效能分析评估方法(下一节内容将着重展开讨论),值得注意的有两点:① 未来装备的效能评估将会不断向体系作战效能评估靠拢,基于扰动分析和体系综合效能分析的评估方法将是未来研究重点;② 在利用计算实验设计技术描述各复杂子系统之间的相互联系和内在逻辑时,要明确各系统间的主次关系、层级关系、影响因素和权重比例,选择合适的分析计算方法更准确地将人工系统各部分贴合实际系统,将复杂系统进行降维分解,便于选择最优策略。

(3)平行执行机制技术

根据航天装备作战试验流程设计,平行执行的运行集中在实际系统与人工系统虚实合一的迭代反馈闭环里。平行执行以平行控制为方法手段和必然结果,准确描述人工系统和实际系统的相互作用、运行机理和协议、接口准则。除此之外,人工系统之间的内部反馈机制也需要根据实际系统的运行反馈进行设计调整。航天装备作战试验的开展多是在轨验证,故其平行机制的运行需要统一实际系统和人工系统的运行参考时间。平行运行机制的运行前提是基于数据融合和数据分析的数据驱动模式,故关于作战试验实际数据和人工演练数据的输入、存储、分析和评估都将是未来研究的重点。

4.3.3　小子样试验鉴定方法在航天装备一体化试验鉴定评估中的分析与运用

国内武器装备试验鉴定的分析与评估的研究可追溯至 20 世纪 60 年代初期。当时大样本经典统计方法盛行,而为了对战略武器进行精度、可靠性等战技指标的评估与鉴定,钱学森、朱光亚等老一辈科学家就大力提倡开展小子样试验鉴定技术的研究。之后,军内外一大批专家学者如成平、张金槐、唐雪梅等开展了大量深入的理论与应用研究,促进了我国武器装备小子样试验鉴定工作的发展。

目前我国小子样理论研究已较为深入,取得了许多研究成果,这些成果大致可以分为三类。

(1)小子样快速收敛统计方法

小子样快速收敛统计方法方法只基于现场试验数据进行统计推断,为了尽量减少现场试验量,需要研究应用快速收敛的统计方法和工程算法,对未知参数进行统计推断。这类方法包括凡 Wakl 提出的序贯决策方法、美国 Efron 教授提出的 Bootstrap 方法、北大郑忠国教授提出的随机加权法以及多个文献在非参数统计法的基础上利用经验分布函数和不确定性极大值原理研究的极值分布分位点估计法、区间估计方法及不确定样本统计分析方法等。这些方法从一定程度上可以减少现场试验子样,但所有决策的准确性都是以一定量的信息为前提的,因此该类方法对试验样本量的减少是有限的。

(2)多状态信息融合统计方法

多状态信息融合统计方法是目前国内小子样试验统计方法研究的主要方向,主要包括 Bayes 统计方法、Fiducis 统计方法、百分统计法、模糊判决方法、D-S 推理等等。在工程中得到一定应用的主要有 Bayes 统计方法、Fiducis 统计方法、百分统计学等。

Bayes 统计方法目前在工程中应用较为广泛,该方法的显著特点就是在保证决策风险尽可能小的情况下,能够综合利用多种信息类型,既包括现场试验数据包括各个历史阶段的信息,既可以是统计数据又可以是专家经验,而真正的现场试验数可以是少量的。此外,Bayes 统计方法基于一个主观概率的框架,它常用概率对信任程度建模,这更容易处理复杂系统中普遍存在的不确定因素的情况,因而适合更为实际的工程问题。当然,用 Bayes 方法解决统计问题时,在利用样本所提供信息的同时,需要利用验前信息。因此,如何获得验前信息,且将它们用分布形式来表达,这是运用 Bayes 方法的关键问题。

Fiducis 统计方法的优点是不需要参数的先验信息,从包含未知参数的数据分布的结构出发,充分利用该结构提供的信息,在已知观测数据的条件下,给出参数的信仰分布,以此代替 Bayes 方法中的后验分布在参数推断中的作用,最终推断未知参数。

百分统计法是针对工程上关心的母体百分位值和百分率,建立直接对工程上关心的百分位值和百分率进行统计推断和预测的方法,该方法通过充分开发试验的共性信息、横向信息、纵向信息和不完全信息,达到减少试验样本量的目的。当然,方法的适用范围以及对信息的开发、可信性保证和合理运用也是其必须解决的问题。

(3)原型(仿真)系统试验统计方法

原型(仿真)系统试验统计方法是目前美、俄等国重点开展研究和应用的针对小子样情况下的试验分析方法。其基本思想是利用系统建模与仿真技术模型的校核、验证和确认(VV&A)技术,通过大量的研制阶段地面试验,积累数据,并运用这些数据逐步完善、校核、验证和确认系统的原型系统或仿真模型,在此基础上,通过少量的飞行试验,应用小子样方法,评估武器系统的性能。该方法的关键不是最终的统计推断方法,而是原型(仿真)系统模型的建立与确认,是用数据建立验证模型,并基于模型进行试验和统计推断。该方法是未来的一种发展趋势,可以真正实现小子样试验的准确分析与评估。当然,该方法的工作难度较大、需要较多的数据和模型积累,国内目前在这方面的工作还开展得不够,需要大大加强。

探索研究航天装备一体化小子样试验鉴定理论时,必须保证地面试验的充分性。在地面开展严格的针对航天装备小子样的性能试验是保证其研制质量的最有效方法之一。国内外多方实践经验表明,在航天装备一体化试验早期阶段深入研究并制订装备性能指标体系,设置转阶段门槛并严格开展性能试验鉴定,能够有效控制性能质量。

针对航天装备一体化试验鉴定的小子样统计理论方法,必须加强开展小子样航天单机、部组件试验鉴定理论方法研究,针对小子样航天单机产品寿命长、可靠性高、试验鉴定方法不足、综合应力试验缺乏量化分析手段等问题,重点研究基于失效边界域的可靠性验证方法、基于加速试验的寿命鉴定方法、多环境应力耦合效应等效量化分析、基于故障物理的试验鉴定方法等关键技术,形成指导航天单机试验鉴定的研究报告、工程指南、规范及软件工具,支撑小子样航天单机、部组件开展寿命与可靠性试验鉴定,并为分系统、系统级产品试验鉴定提供量化信息输入。同时,加强小子样航天系统、分系统试验鉴定理论方法研究,针对航天系统级、分系统级产品样本量小,实物试验成本高,实物试验数据缺乏,系统、分系统试验鉴定缺乏量化评价手段等困难,重点研究突破航天产品可靠性虚拟试验验证、基于多源信息融合的航天产品可靠性综合评估等关键技术,构建系统、分系统的可靠性。另外,未来还需要重点开展与小子样航天装备试验鉴定工作相融合的产品成熟度提升与评价技术方法研究。由于航天装备,特别是星箭系统在发射和在轨运行之前,难以在地面完成整星、整箭真实环境下的试验鉴定考核,只能通过不断固化完善成功的研制经验、地面研制的过程控制要求、单机和分系统级的充分地面试验验证来为星箭系统任务的成功提供保障。针对小子样航天装备试验鉴定需求,如何将工程中已应用的产品成熟度理论与试验鉴定工作相结合,提出与小子样航天装备试验鉴定工作相融合的产品成熟度提升与评价技术方法,是后续工作中进一步研究的重点方面,包括进一步丰富已有的成熟度评价模型,如航天系统级成熟度评价模型、航天液体发动机成熟度评价模型、航天单机产品成熟度评价模型、软件产品成熟度评价模型等方法和工具。在方法理论研究的基础上,重点开展体系应用。

4.3.4　多源信息融合方法在航天装备一体化试验鉴定评估中的分析与运用

充分利用多种来源的先验试验信息,构建合理的先验分布,将先验试验信息与有限的航天装备现阶段试验样本进行贝叶斯融合,是解决航天装备小样本条件下一体化试验鉴定评估的重要方法。本节首先主要介绍贝叶斯融合方法,包括贝叶斯统计法的基本思想、验前信息可信度的确定、验前概率的计算、确定未知分布参数的分布密度、验前多源信息融合模型、采用样本信息计算验后密度,然后给出一个基于打击精度的验证算例。

(1)多源信息融合算法——贝叶斯方法

贝叶斯方法解决统计问题的思路不同于经典统计方法。它的一个显著特点就是在保证决策风险尽可能小的情况下,尽量应用所有可能的信息。这不仅仅是现场试验的信息,还包括现场试验之前的信息,如武器系统在研制中的有用信息、仿真试验的信息、同类武器系统的试验信息。而真正的现场试验数可以是少量的。因此,在上述验前信息存在的情况下,作为一种数据融合方法,贝叶斯方法可以用于小子样试验分析。

① 贝叶斯统计法的基本思想。

对于航天装备一体化试验鉴定,如果做了 n 次试验,获得了子样 $X = (X_1, X_2, \cdots, X_n)$,此时又可获得 θ 在给定 X 之下的条件分布,称它为验后分布。对于连续随机变量的场合,由贝叶斯公式,θ 的验后分布密度为

$$\pi(\theta \mid X) = \frac{\pi(\theta) P(X \mid \theta)}{\int_{\Theta} \pi(\theta) P(X \mid \theta) \mathrm{d}\theta}$$

式中,$\pi(\theta)$ 为 θ 的验前密度函数;Θ 为参数集;$P(X|\theta)$ 为子样向量在给定 θ 之下的联合密度函数。

由上述贝叶斯方法看出,将未知的分布参数看成是随机的,且用它的分布律来描述。用贝叶斯方法解决统计问题时,在利用样本所提供信息的同时,需要利用验前信息。因此,对验前信息的使用是运用贝叶斯方法的关键。

② 验前信息可信度的确定。

由于验前信息获取方法不一样,与现场信息存在一致性问题和可信度问题。因此,在使用验前信息时,不能简单地将其合在一起作为全系统的验前信息使用,必须分别确定这三部分信息的可信度,再将其进行信息融合。记 $X = (X_1, X_2, \cdots, X_m)$ 为验前子样,$Y = (Y_1, Y_2, \cdots, Y_n)$ 为现场鉴定试验条件下获得的子样,且 X、Y 子样都是在同一距离上获得,分布函数分布记为 $F(X)$、$F(Y)$。一般有 $m \geqslant n$,并且 $n \leqslant 10$,为此,引入竞择假设。

原假设 H_0:$F(X) \equiv F(Y)$;

备选假设 H_1:两样本不属于同一总体。

把 $X_1, X_2, \cdots, X_m$ 和 $Y_1, Y_2, \cdots, Y_n$ 合并在一起,按由小到大的顺序排列成一个混合样本,记为 Z:$Z_1 \leqslant Z_2 \leqslant \cdots \leqslant Z_{m+n}$,每一个 Z_k 是某一个 X_i 或 Y_i,则称 k 为 Z_k 在混合样本 Z 中的秩。设 $X_1, X_2, \cdots, X_m$ 在混合样本中的秩为 $r_1, r_2, \cdots, r_m$,令 $T = r_1 + r_2 + \cdots + r_m$,则称 T 为

样本 $X_1, X_2, \cdots, X_m$ 的秩和。在进行秩和检验时,一般考虑样本量较小的那个样本,在这里,一般考虑现场试验样本 $Y_1, Y_2, \cdots, Y_n$。Y 的秩和 $T = r_1 + r_2 + \cdots + r_n$,对于选定的显著水平 α,查秩和检验表。若 $T_1(\alpha) < T < T_2(\alpha)$,则接收假设 H_0,否则拒绝假设 H_0。

当 m、n 都很大时($m, n \geq 10$),秩和 T 近似服从正态分布 $N\left(\dfrac{n_1(n_1+n_2+1)}{2}, \dfrac{n_1 n_2(n_1+n_2+1)}{12}\right)$,此时,可用正态分布的 μ 检验法,当给定显著水平 α 时,检验规则为

$$P\left\{\left|\frac{T - \dfrac{n_1(n_1+n_2+1)}{2}}{\sqrt{\dfrac{n_1 n_2(n_1+n_2+1)}{12}}}\right| < \mu_\alpha \mid H_0\right\} = 1 - \alpha$$

于是,在 $1 - \alpha$ 置信度下,当

$$\left|\frac{T - \dfrac{n_1(n_1+n_2+1)}{2}}{\sqrt{\dfrac{n_1 n_2(n_1+n_2+1)}{12}}}\right| < \mu_\alpha$$

时,则认为两样本属于同一总体,否则,两样本不相容。

为引入验前信息的可信度,记

$$\begin{cases} A \equiv T_1(\alpha) < T < T_2(\alpha) \\ \bar{A} \equiv T \geq T_2(\alpha) \text{ 或 } T \leq T_1(\alpha) \end{cases}$$

则可信度可表示为 $P(H_0 | A)$。由上述可知,

$$\begin{cases} P(\bar{A} \mid H_0) = \alpha \\ P(A \mid H_0) = 1 - \alpha \end{cases}$$

根据贝叶斯公式,则有

$$P(H_0 \mid A) = \frac{P(A \mid H_0) \cdot P(H_0)}{P(A \mid H_0) \cdot P(H_0) + P(A \mid H_1) \cdot (1 - P(H_0))}$$

式中,$P(A|H_1)$ 为采伪概率 β。

因此要想计算出可信度 $P(H_0|A)$,需要计算验前概率 $P(H_0)$ 和采伪概率 β。由前面的秩和检验可知 $\beta = P\{T_1 < T < T_2 | H_1\}$。

③ 验前概率 $P(H_0)$ 的计算。

若获得了现场样本,在完成了假设检验之后,则重新得到了关于 $P(H_0)$ 的知识,将 $P(H_0)$ 的估计值代入检验规则公式得到验后可信度。此时运用 Bootstrap 方法对验前数

据和现场试验子样分别作出经验分布 $F(X)$ 和 $F(Y)$,再用 Monte-Carlo 方法,分别对 $F(X)$ 和 $F(Y)$ 进行抽样,即产生以 $F(X)$ 和 $F(Y)$ 为总体分布的 N 组随机子样,即

$$\begin{cases} X^{(i)} = (X_1^{(i)}, X_2^{(i)}, \cdots, X_{n1}^{(i)}) \\ Y^{(i)} = (Y_1^{(i)}, Y_2^{(i)}, \cdots, Y_{n2}^{(i)}) \end{cases}, i = 1, 2, \cdots, N$$

它就是验前子样再生数据和现场再生子样。然后统计出满足关系式 $T_1^{(i)}(\alpha) < T^{(i)} < T_2^{(i)}(\alpha)$ 的个数为 m,则有

$$P\{T_1^{(i)}(\alpha) < T^{(i)} < T_2^{(i)}(\alpha)\} = \lim_{i \to \infty} \frac{m}{N}$$

而又因

$$P\{T_1^{(i)}(\alpha) < T^{(i)} < T_2^{(i)}(\alpha)\} = P\{T_1^{(i)}(\alpha) < T^{(i)} < T_2^{(i)}(\alpha) \mid H_0\} P(H_0)$$
$$+ P\{T_1^{(i)}(\alpha) < T^{(i)} < T_2^{(i)}(\alpha) \mid H_1\} P(H_1)$$

因而可计算出

$$P(H_0) = \frac{\dfrac{m}{N} - \beta}{1 - \alpha - \beta}$$

④ 确定未知分布参数的分布密度。

将再生的随机子样 $\theta(i)$ 的空间分成许多小区间,计算每个小区间上随机子样的频率。以随机子样 $\theta(i)$ 为横坐标,频数为纵坐标绘制直方图,在直方图上作一条光滑曲线,此曲线即为 θ 的验前密度 $\pi(\theta)$。作曲线时,尽量在每个小区间上使得曲线下的面积与直方图的面积相等。根据曲线的形状,选定 $\pi(\theta)$ 的形式,一般选共轭先验分布,利用矩法估计其超参数,确定 $\pi(\theta)$。

⑤ 验前多源信息融合模型。

设有 m 个验前信息源(在本报告中假定 $m = 3$),第 i 个验前信息源的可信度记为 P_i,记

$$\varepsilon_i = \frac{P_i}{\sum\limits_{i=1}^{m} P_i}, i = 1, 2, \cdots, m$$

以 ε_i 作为第 i 个验前信息源的权系数。

设第 i 个验前信息源的验前密度为 $\pi^{(i)}(\theta)$,$i = 1, 2, \cdots, m$,按式中所定义的权系数,则最终验前密度的融合估计为

$$\hat{\pi a}(\theta) = \sum_{i=1}^{m} \varepsilon_i \cdot \pi_i(\theta)$$

⑥ 采用样本信息计算验后密度。

设已获得现场子样 $X = (X_1, X_2, \cdots, X_n)$，记 μ 和 σ^2 的验前密度为 $\pi(\mu, \sigma^2)$，验后密度函数为 $\pi(\mu, \sigma^2 | X)$，由贝叶斯公式可得

$$\pi(\mu, \sigma^2 \mid X) = \frac{f(X \mid \mu, \sigma^2) \pi(\mu, \sigma^2)}{\int_{-\infty}^{+\infty} \int_0^{+\infty} f(X \mid \mu, \sigma^2) \pi(\mu, \sigma^2) \mathrm{d}\mu \mathrm{d}\sigma^2}$$

式中，

$$f(X \mid \mu, \sigma^2) = (2\pi)^{-\frac{n}{2}} \sigma^{-n} \exp\left\{\frac{1}{2\sigma^2}[Q + n(\bar{X} - \mu)^2]\right\}$$

其中，

$$\begin{cases} \bar{X} = \dfrac{1}{n} \sum_{i=1}^{n} x_i \\ Q = \sum_{i=1}^{n} (x_i - \bar{X})^2 \end{cases}$$

则有 $\pi(\mu, \sigma^2 | X)$ 为

$$\pi(\mu, \sigma^2 \mid X) = \frac{\sigma^{-n} \exp\left\{\dfrac{1}{2\sigma^2}[Q + n(\bar{X} - \mu)^2]\right\} \pi(\mu, \sigma^2)}{\int_{-\infty}^{+\infty} \int_0^{+\infty} \sigma^{-n} \exp\left\{\dfrac{1}{2\sigma^2}[Q + n(\bar{X} - \mu)^2]\right\} \pi(\mu, \sigma^2) \mathrm{d}\mu \mathrm{d}\sigma^2}$$

(2)基于打击精度的验证算例

以某型装备的打击精度为例，对贝叶斯估计方法的实施与应用方法进行验证与介绍。

① 仿真条件准备。

设有两组验前数据 X_1 和 X_2，即

$X_1 = (0.3214, -1.8981, 1.3256, 1.6178, -0.9636, 3.2436, 3.2405, 1.0323) \sim N(1.1, 3.24)$

$X_2 = (0.3015, -1.5603, 2.0098, 1.8776, 0.6666, 3.1871, 1.2885, 2.7024, 1.3008, 0.1956) \sim N(1.2, 2.89)$

并获得一组现场数据 X，即

$$X = (-0.3836, 2.7160, 3.5080) \sim N(1, 4)$$

利用随机加权方法分别对样本 X_1 和 X_2 进行 10 000 次抽样，获得再生样本，计算得

$$X_1 \sim N(0.9981, 2.9518)$$

其总体均值 $\sim N(1.1, 0.4041)$，方差 $\sim$ 逆 $(\sigma^2, 11.3549, 305)$；再生样本均值 $\sim N(0.9981, 0.6773)$，方差 $\sim$ 逆 $(\sigma_x^2, 11.6284, 3.5)$。

经过计算,验前数据分布为 X_1:均值 $\pi(\mu_1|\sigma_1^2) \sim N(0.9981,0.6773)$,方差 $\pi(\sigma_1^2) \sim$ 逆 $g(\sigma_{x_1}^2,11.6284,3.5)$;$X_2$:均值 $\pi(\mu_2|\sigma_2^2) \sim N(1.0976,0.4311)$,方差 $\pi(\sigma_2^2) \sim$ 逆 $g(\sigma_{x_2}^2,8.5292,4.5)$。

② 确定验前信息可信度。

由上一小节的公式,在检验水平都取 $\alpha=0.1$ 时,计算得可信度和权系数分别为

$$P_1=0.9773 \, \text{、} \varepsilon_1=0.51;$$

$$P_2=0.9666 \, \text{、} \varepsilon_2=0.49$$

因此,可以计算两组验前数据融合后的分布,其均值为

$$\pi(\mu|\sigma^2)=0.51 \cdot \pi(\mu_1|\sigma_1^2)+0.49 \cdot \pi(\mu_2|\sigma_2^2)$$

方差为

$$\pi(\sigma^2)=0.51 \cdot \pi(\sigma_1^2)+0.49 \cdot \pi(\sigma_2^2)$$

经计算,均值和方差的验前估计分别为

$$\hat{\mu a}=1.0469 \, \text{、} \hat{\sigma a}^2=3.1844$$

③ 仿真结果。

分别采用经典统计方法和贝叶斯估计方法对其进行估计,置信估计选取置信水平 $\alpha=0.1$,估计结果见表 4-14。

由表 4-14 可以看出,经典估计值对现场样本的依赖性较强,随着样本的不同,尤其在样本量较少的情况下,估计值因样本的不同而有较大变化,这就对它的估计精度有所质疑。当样本量逐渐增大时,经典估计也趋于稳定,并具有较高的估计精度。而利用验前信息的贝叶斯估计,估计值比较稳定,并不会因为现场样本变化而使整体估计值有较大变化,显示出在采用小子样试验中所具有的优点。

表 4-14 贝叶斯估计与经典估计结果

现场样本容量	贝叶斯方法				经典方法			
	均值估计		方差估计		均值估计		方差估计	
	点估计	区间估计	点估计	区间估计	点估计	区间估计	点估计	区间估计
1	0.91	[0.04,1.75]	1.67	[1.24,6.34]	-0.38	-	0	-
2	1.06	[0.27,1.87]	1.62	[1.23,5.75]	1.16	[-8.62,0.95]	2.19	[1.11,34.95]
3	1.27	[0.49,2.05]	1.64	[1.29,5.58]	1.94	[-1.52,5.41]	2.05	[1.18,9.08]
4	1.01	[0.21,1.79]	1.72	[1.47,5.94]	0.91	[-2.22,4.04]	2.66	[1.65,7.77]
5	0.79	[0.26,1.57]	1.74	[1.56,5.92]	0.35	[-2.14,2.85]	2.62	[1.70,6.22]
6	0.89	[0.16,1.61]	1.69	[1.51,5.45]	0.65	[-1.36,2.67]	2.45	[1.65,5.13]
7	0.85	[0.16,1.52]	1.63	[1.44,4.96]	0.58	[-1.06,2.24]	2.24	[1.55,4.30]
8	0.94	[0.28,1.58]	1.69	[1.41,4.67]	0.81	[-0.64,2.27]	2.17	[1.53,3.91]

经过理论推导和仿真计算,在同样试验样本的条件下,子样数越小,运用验前信息的贝叶斯估计方法将比大数定理的检验法估计精度要高。在航天装备一体化小子样试验中,利用该贝叶斯融合方法,是提高评估置信度的新途径。本节实例证明此方法是一种准确、通用、有效的方法。

4.3.5 基于机器学习评估方法在航天装备一体化试验鉴定评估中的分析与运用

(1)基于机器学习的航天试验鉴定评估系统结构

采取真实环境与仿真环境相互平行交互的方式设计如图 4-29 所示的基于机器学习的航天装备一体化试验鉴定评估系统结构。

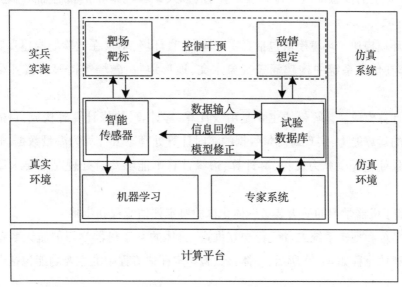

图 4-29　基于机器学习的航天一体化试验鉴定评估系统结构

基于机器学习的航天装备一体化试验鉴定评估系统结构主要由以下五种模块构成。

一是对象模块。对象模块主要由实兵实装以及仿真系统构成,仿真系统可通过融合数据和算法,仿真模拟实兵实装。

二是处理模块。处理模块主要包含专家系统和机器学习模块。专家系统通常用来作为智能决策辅助,专家系统包含存储着大量军事专家知识和解决问题方法的数据库,通过以算法为核心的解释器和推理机,可以应用于智能作战决策的解释、预测、诊断、规划及设计等方面;机器学习模块可以实现对海量的试验数据进行挖掘处理,获取重要的知识内容。这些智能应用将为作战试验鉴定中作战数据分类预测、作战数据生成模拟、战场环境监视、情报态势描述等场景提供强有力的支撑。

三是交互模块。交互模块主要由战场智能传感器、作战试验数据库、智能人机交互界面等构成,通过设置不同的敌情想定,获得在靶场靶标上的不同试验效果。依托军事物联网的基础器件(智能传感器、神经网络芯片等)实现试验大数据的实时收集处理,将军事物联网的智能感知、模式识别、智能分析、智能控制等技术在一体化试验鉴定领域进行深度融合应用,提高试验场地和试验装备在传感、交互、控制、协同、决策等方面的性能和智能化水平。主要的交互对象包含:一是通过预期效果以及实际效果之间的交互实现机器认知学习,进而有效地鉴定试验装备,同时对仿真系统进行调整优化;二是人和机器之间的交互,实现更智能、更直观的人机交互界面;三是机器和环境之间的交互,试验装备上的传感器对周围环境的感知,以及试验场地中的传感器对试验装备的感知。

四是环境模块。环境模块包括真实环境、仿真环境,不仅在试验场构建真实战场环境,还能够在仿真系统中构建涵盖气象水文、地形地貌、磁场频谱等要素齐全的仿真环境。

五是计算模块。计算模块主要是由云计算、雾计算、边缘计算等构成,目的在于提供足够强的运算能力,实现对海量数据的实时计算处理。云计算为海量数据、时延要求不高的场景处理提供算力支撑,雾计算、边缘计算则能够及时处理时延要求高的数据场景。

(2)基于机器学习的航天装备一体化试验鉴定评估流程和步骤

人工系统和现实系统二者平行交互推进,具体的基于机器学习的航天装备一体化试验鉴定评估流程如4-30所示,一体化试验鉴定评估流程中的主要功能包括以下四个方面:

一是人工系统对作战试验进行模拟预测;

二是现实系统对作战试验进行现地评估;

三是人工系统和现实系统可以实时交互,人工系统可以对现实系统进行辅助决策;

四是对比分析人工系统和现实系统产生的数据,对人工系统的模型进行优化。

航天装备一体化试验鉴定评估中机器学习的应用步骤如下。

步骤1:制订作战试验整体方案,针对试验装备的特点,对预期实现的作战能力(作战效能和适用性)进行分析。

步骤2:结合一体化试验鉴定的任务需求,在人工系统中构建相应的仿真模型,确立相关评估指标,同时,在现实系统中,抽调相应的兵力装备,构建近实战的作战环境,准备实施作战演练。

步骤3:人工系统可以进行先期推演,也可以与现实系统中的作战试验同步进行。

模型推演通过在人工系统中设定不同条件,进行多种结果的平行预测,将人工系统中获取得数据及推算的结果预测用于指导现实系统中的作战实施。

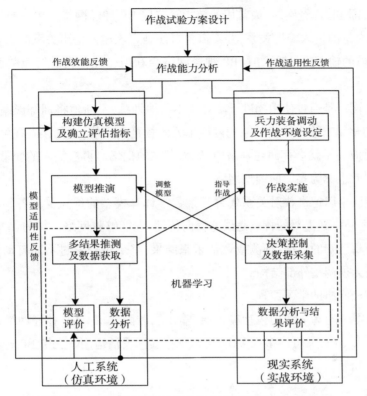

图 4-30　基于机器学习的航天装备平行试验鉴定评估流程

步骤 4:在现实系统中实施作战演练,指挥控制方式不同,获取的试验结果数据也不同。通过演练场地的传感器获取试验数据,经过机器学习算法处理后,用于调整人工系统中的模型。整个作战试验演练中,仿真模型和实战系统是实时进行信息交互的。

步骤 5:将现实系统中所采集的数据与人工构建系统中的数据进行比较,分析存在的差异和可能存在的问题,然后从可靠性、可信度和仿真评估效果等方面对模型进行评估优化。

步骤 6:通过机器学习构建的模型和算法,实时分析人工系统和现实系统中的数据,评估装备的作战效能。

步骤 7:通过机器学习构建的模型和算法,实时分析人工系统和现实系统中的结果和数据,用于评估作战适用性。

(3)航天装备一体化试验鉴定评估中常用的机器学习算法

① BP 神经网络算法。

BP 神经网络算法是神经网络中应用较为广泛的一种方法,是在 1986 年由 Rumelhart 和 McCelland 领导的科学研究小组提出的基于按误差反向传播算法训练的多层前馈网络,即 BP 神经网络,最常用的结构是三层 BP 神经网络。BP 神经网络通过记忆功能存储大量的输入输出关系,并不需要事前确定该输入输出关系的数学计算模型。当有同样性质的输入变量输入时,BP 神经网络会利用已经存在的对应关系,自动得出输出的值。

BP 神经网络是通过使用梯度下降算法不断地训练,不断地将训练误差结果前向反馈,不断地调整影响输入输出关系的网络单元的权重和阈值,直到误差在可以接受的范围之内,该对应关系就会存储在网络中,凭借存在的记忆对再次输入的变量计算出精确的输出值,因此也称为多层前馈型网络。

BP 神经网络以记忆映射关系代替复杂数学计算模型的优点受到各领域研究者的重视,BP 神经网络最重要的特点是误差反向传播,它能够将网络计算的误差,实时前向反馈,通过分析已知的数据,预测或评估未来结果,整个过程通过不断自动调整内部神经元权值,而无须调整外部结构。

a. BP 神经网络的学习原理。

BP 神经网络的基本结构包括输入层、输出层和隐含层。BP 神经网络结构灵活多样,既可以一入多出,又可以多入多出,可以根据实际灵活运用。三层 BP 神经网络的结构如图 4-31 所示。

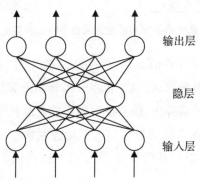

输出层

隐层

输入层

图 4-31　三层 BP 神经网络的结构

BP 神经网络算法是一种基于 δ 学习规则的神经网络学习算法,其核心操作是通过预测数据误差的反向传播不断修正网络权值和阈值,以实现模型快速收敛。

定义输入向量为 $X=(x_1,x_2,\cdots,x_n)^{\mathrm{T}}$,隐含层输出向量为 $Y=(y_1,y_2,\cdots,y_m)^{\mathrm{T}}$,输出层输出向量为 $O=(o_1,o_2,\cdots,o_m)^{\mathrm{T}}$,期望输出指标向量为 $d=(d_1,d_2,\cdots,d_m)^{\mathrm{T}}$。

对于隐含层,其激活函数一般选用单极性/双极性 Sigmoid 函数,即

$$f(x) = \frac{1}{1 + e^{-x}} \quad 或 \quad f(x) = \frac{1 - e^{-x}}{1 + e^{-x}}$$

对于输出层选用线性函数,即 $y = x$。

目标函数取实际输出值与期望输出值的误差函数,即

$$\begin{aligned} E &= \frac{1}{2}(d - O)^2 \\ &= \frac{1}{2}\sum_{i=1}^{l}(d_i - o_i)^2 \\ &= \frac{1}{2}\sum_{k=1}^{l}(d_k - f(net_k))^2 \\ &= \frac{1}{2}\sum_{k=1}^{l}\Big(d_k - f\Big(\sum_{j=1}^{m}w_{jk}y_j\Big)\Big)^2 \\ &= \frac{1}{2}\sum_{k=1}^{l}\Big(d_k - f\Big(\sum_{j=0}^{m}w_{jk}f(net_j)\Big)\Big)^2 \\ &= \frac{1}{2}\sum_{k=1}^{l}\Big(d_k - f\Big(\sum_{j=0}^{m}w_{jk}f\Big(\sum_{i=0}^{m}v_{ij}x_i\Big)\Big)\Big)^2 \end{aligned}$$

BP 神经网络算法的改变权值规则如下:

$$\Delta w_{ij} = \eta(d_k - o_k)o_k(1 - o_k)y_j$$

$$\Delta w_{ij} = \eta\Big(\sum_{k=1}^{l}(d_k - o_k)o_k(1 - o_k)w_{jk}\Big)y_k(1 - y_k)x_i$$

式中,η 为网络学习效率。

输入层输入的是影响评估目标的多个指标,隐含层是调整输入输出之间关系的桥梁,通过不断地调整神经元的权值和阈值,使输出的误差函数达到理想的范围之内。输出层输出的是评估指标的最终评估值。输入信号正向输入,误差信号反向传播,隐含层不断调整各神经元的阈值和权值,反复进行直到网络达到预期的输出效果,网络训练结束。当有类似的输入变量输入时,会运用已经存储的记忆对样本进行预测或结果修正。

BP 神经网络应用涉及心理学、医学、实际生产、效能评估、智能控制和优化等领域。尤其是在预测领域应用最多,并取得良好的应用效果,避免了复杂模型的计算,解决建模的难题,为人们对评估目标的优化、分析和决策提供可靠的参考依据。BP 神经网络以其精确的预测和较高的可靠性受到人们的信赖,在应用的过程中,人们不断改进和优化算法,从运算函数到算法优化等,以期得到更加精确的结果。

BP 神经网络是指训练过程通过误差反向传播的方式,将网络实际计算误差与设定的期望误差不断比较,将各个神经元权值和阈值不断调整的过程。期望误差的设定是网络训练标准的基本要求,训练过程中反向传播的是网络实际计算误差和期望误差之

间的比较结果,结果达到了设定的要求,网络训练结束;否则,不断重复训练过程,直到满足程序设定的要求。BP 神经网络训练过程,如图 4-32 所示。

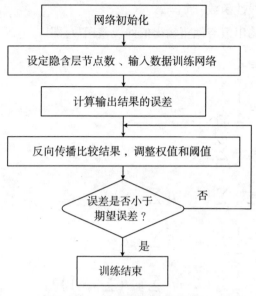

图 4-32　BP 神经网络训练过程

BP 神经网络训练过程的主要步骤如下。

步骤 1:网络的初始化,主要是设定网络的学习效率、误差精度、初始权值和阈值、训练精度等初始参数。

步骤 2:设置隐含层节点的数量,批量输入明确输入/输出关系的训练样本,并实时记录误差函数。

步骤 3:计算输出结果的误差,并与设定的期望误差进行比较。

步骤 4:通过反向传播的方式,不断调整神经元的阈值和权值。

步骤 5:若输出误差小于设定的误差值,作为网络训练结束;否则,将计算的误差反向传播,返回步骤 4。

BP 神经网络训练结束的条件是输出误差小于设定的误差值,误差值越小,表明越精确,否则会不断调整神经元的权值和阈值,直到输出结果满足条件。误差的设定并非越小越好,还要综合考虑网络的收敛速度。

b. 某通信系统作战使用性能的神经网络评估。

为了验证 BP 神经网络在航天装备一体化试验鉴定评估中的应用,此处给出某通信系统作战使用性能的神经网络评估算例。

首先,构造学习样本。

步骤 1:构造一个包括输入层、隐含层和输出层的三层 BP 神经网络,其中某通信系统作战使用性能评估的影响因素数目作为输入层节点的数目(本节示例假设为5个),某通信系统作战使用性能评估等级(如优、良、中、差、很差等)数目作为输出层节点的数目,本节示例隐含层节点数取为10。

步骤2:学习参数的设定,神经网络隐层和输出层采用标准 sigmoid 激活函数,学习率取,目标误差,最大学习次数为 10 000 次。

步骤3:评估影响因素的归一化处理。由于评估影响因素指标量纲和性质的不同,造成了各个影响因素的不可共度性,首先需要对其进行归一化处理,将它们转化为闭区间[0,1]上的无量纲属性值。

其次,对模型进行训练。

假设归一化处理后影响因素属性值都在[0.9,1]上,则某通信系统作战使用性能评估等级为优;若属性值都在[0.8,0.9]上,则某通信系统作战使用性能评估等级为良;若属性值都在[0.6,0.8],则某通信系统作战使用性能评估等级为中等;若属性值都在[0.5,0.6],则某通信系统作战使用性能评估等级为差;若属性值都为 0.5 以下,则某通信系统作战使用性能评估等级为很差。

选取若干典型试验数据作为神经网络输入值来训练神经网络。对学习样本反复进行学习,直至网络模型的识别精度满足要求,也就是力争使得通过学习后的网络仿真输出的作战使用性能评估结果尽可能逼近实际试验结果真实值。本节示例样本的期望输出和实际输出结果见表 4-15,训练误差如图 4-33 所示。

表 4-15　学习样本的期望输出和实际输出对比

样本	实际输出					期望输出				
	优	良	中	差	很差	优	良	中	差	很差
1	1.0327	−0.1098	0.0474	0.0118	0.0045	1	0	0	0	0
2	0.9467	−0.0019	0.0400	0.0048	−0.0047	1	0	0	0	0
3	0.6902	0.3495	−0.0247	−0.0072	−0.0049	1	0	0	0	0
4	0.4501	0.6695	−0.0837	−0.0150	−0.0008	0	1	0	0	0
5	−0.0445	1.1842	−0.0957	−0.0139	0.0077	0	1	0	0	0
6	−0.1518	0.8636	0.2398	0.0259	0.0026	0	1	0	0	0
7	−0.0029	0.1005	0.7882	0.0390	−0.0062	0	1	0	0	0
8	0.03643	−0.0457	1.0217	−0.0418	0.0024	0	0	1	0	0
9	0.0297	0.0014	1.1369	−0.1092	0.0164	0	0	1	0	0
10	0.0178	0.0022	0.7408	0.2949	−0.0019	0	0	1	0	0
11	0.0125	−0.0361	0.2969	0.7350	−0.0284	0	0	0	1	0

样本	实际输出					期望输出				
	优	良	中	差	很差	优	良	中	差	很差
12	-0.0053	-0.0184	-0.0912	1.1249	-0.0512	0	0	0	1	0
13	-0.0183	0.0487	-0.0307	0.9353	0.0910	0	0	0	1	0
14	0.0135	-0.0002	0.0176	0.0556	0.9424	0	0	0	0	1
15	-0.0019	-0.0055	0.0073	-0.0643	1.0488	0	0	0	0	1
16	-0.0138	-0.0006	-0.0103	0.0138	0.9756	0	0	0	0	1
17	-0.0005	-0.0046	-0.0085	0.0226	0.9817	0	0	0	0	1
18	0.0148	-0.0092	0.0026	-0.0015	1.0156	0	0	0	0	1
19	0.0168	-0.0100	0.0084	-0.0105	1.0258	0	0	0	0	1
20	0.0091	-0.0072	0.0088	-0.0061	1.016	0	0	0	0	1
21	-0.0015	-0.0013	0.0058	0.0003	1.0003	0	0	0	0	1
22	-0.0117	0.0079	-0.0013	0.0037	0.9863	0	0	0	0	1
23	-0.0199	0.0222	-0.0159	0.0028	0.9775	0	0	0	0	1

② 支持向量回归算法。

支持向量机(Support Vector Machine,SVM)本身是针对二分类问题提出的,而支持向量回归(Support Vector Regression,SVR)是 SVM 中的一个重要的应用分支。SVR 回归与 SVM 分类的区别在于,SVR 的样本点最终只有一类,它所寻求的最优超平面不是 SVM 那样使两类或多类样本点分得最开,而是使所有的样本点距离超平面的总偏差最小。

给定一组数据 $\{(x_1,y_1),(x_2,y_2),\cdots,(x_m,y_m)\}$,其中 $x_i,y_i \in \mathbf{R}$,回归问题希望求得一个模型:

$$f(x,w) = w^{\mathrm{T}}x + b$$

使得 $f(x)$ 与 y 尽可能接近。

上式不能表示非线性问题,改进方法是引入非线性映射函数 $\phi(x)$,使输入空间映射到具有更高维度的特征空间。通过映射,$\phi(x)$ 可以达到无穷多维,以使 $f(x)$ 接近任意非线性函数。无穷多维在实际计算过程中无法达到,事实上根本就不需要计算 $\phi(x)$,只需要计算两个 $\phi(x)$ 的内积 $\phi(x^i)^{\mathrm{T}}\phi(x^j)$。引入 $\phi(x)$ 后,上述线性方程就扩展为非线性方程为

$$f(x,w) = w^{\mathrm{T}}\phi(x) + b$$

式中,w 为与向量 $\phi(x)$ 维度相同的权重向量。

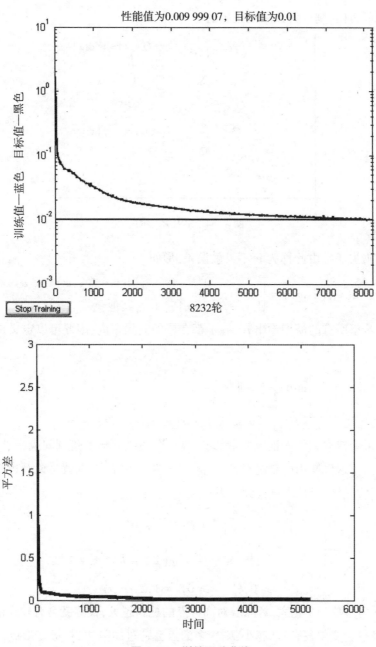

图 4-33　训练误差曲线

　　传统的回归模型通常基于模型输出 $f(x,w)$ 与真实输出 y 之间的差别来计算损失。当且仅当 $f(x,w)$ 与真实输出 y 完全相同时，损失才为 0。SVR 与之不同，它假设能容忍 $f(x,w)$ 与真实输出 y 之间最多有 ε 的偏差，即仅当 $|f(x,w)-y|>\varepsilon$ 时，才计算损失。如图 4-34 所示，SVR 相当于以 $f(x,w)$ 为中心，构建了一个宽度为 ε 的间隔带。若训练样

本落在此间隔带内,则认为预测是正确的。

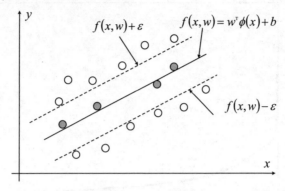

图 4-34　SVR 示意图

SVR 的损失函数由此称为 ε 不灵敏误差,形如

$$L(y,f(x,w)) = \begin{cases} 0 & , |y - f(x,w)| < \varepsilon \\ |y - f(x,w)| - \varepsilon & ,其他 \end{cases}$$

本质上希望所有的模型输出 $f(x,w)$ 都在 ε 的间隔带内,因此可以定义 SVR 的优化目标为

$$\begin{cases} \min\limits_{w,b} \dfrac{1}{2} \| w \|^2 \\ s.t. \ |y_i - w^{\mathrm{T}}\phi(x_i) - b| \leq \varepsilon, i = 1,2,\cdots,m \end{cases}$$

可以为每个样本点引入松弛变量 $\xi > 0$,即允许一部分样本落到间隔带外,使得模型更加鲁棒。由于这里使用的是绝对值,实际上是两个不等式,也就是说两边都需要松弛变量,定义 $\xi_i^{(L)}$、$\xi_i^{(U)}$,于是优化目标变为

$$\begin{cases} \min\limits_{w,b,\xi^{(L)},\xi^{(U)}} \dfrac{1}{2} \| w \|^2 + C(\xi_i^{(L)} + \xi_i^{(U)}) \\ s.t. \begin{cases} -\varepsilon - \xi_i^{(L)} \leq y_i - w^{\mathrm{T}}\phi(x_i) - b \leq \varepsilon + \xi_i^{(U)} \\ \xi_i^{(L)} \geq 0, \xi_i^{(U)} \geq 0, i = 1,2,\cdots,m \end{cases} \end{cases}$$

式中,C 和 ε 为参数。C 越大,意味着对离群点的惩罚越大,最终就会有较少的点跨过间隔边界,模型也会变得复杂;C 越小,则较多的点会跨过间隔边界,最终形成的模型较为平滑。ε 越大,则对离群点容忍度越高,最终的模型也会较为平滑,这个参数是 SVR 问题中独有的,SVM 中没有这个参数。

对于上式的优化目标,为每条约束引入拉格朗日乘子 $\mu_i^{(L)} \geq 0$,$\mu_i^{(U)} \geq 0$,$\alpha_i^{(L)} \geq 0$,$\alpha_i^{(U)} \geq 0$,则有

$$L(w,b,\xi_i^{(L)},\xi_i^{(U)},\mu_i^{(L)},\mu_i^{(U)},\alpha_i^{(L)},\alpha_i^{(U)})$$

$$= \frac{1}{2} \parallel w \parallel^2 + C \sum_{i=1}^{m} (\xi_i^{(L)} + \xi_i^{(U)}) + \sum_{i=1}^{m} \alpha_i^{(L)} (-\varepsilon - \xi_i^{(L)} - y_i + w^T \phi(x_i) + b)$$

$$+ \sum_{i=1}^{m} \alpha_i^{(U)} (y_i - w^T \phi(x_i) - b - \varepsilon - \xi_i^{(U)}) - \sum_{i=1}^{m} \mu_i^{(L)} \xi_i^{(L)} - \sum_{i=1}^{m} \mu_i^{(U)} \xi_i^{(U)}$$

其对偶问题为

$$\begin{cases} \max\limits_{\mu, \alpha} \min\limits_{w, b, \xi} L(w, b, \xi_i^{(L)}, \xi_i^{(U)}, \mu_i^{(L)}, \mu_i^{(U)}, \alpha_i^{(L)}, \alpha_i^{(U)}) \\ s.t. \begin{cases} \alpha_i^{(L)}, \alpha_i^{(U)} \geq 0, i = 1, 2, \cdots, m \\ \mu_i^{(L)}, \mu_i^{(U)} \geq 0, i = 1, 2, \cdots, m \end{cases} \end{cases}$$

上式对 $w, b, \xi_i^{(L)}, \xi_i^{(U)}$ 求偏导为零可得

$$\begin{cases} \dfrac{\partial L}{\partial w} = 0 \Rightarrow w = \sum_{i=1}^{m} (\alpha_i^{(U)} - \alpha_i^{(L)}) \phi(x) \\[2mm] \dfrac{\partial L}{\partial b} = 0 \Rightarrow \sum_{i=1}^{m} (\alpha_i^{(U)} - \alpha_i^{(L)}) = 0 \\[2mm] \dfrac{\partial L}{\partial \xi^{(L)}} = 0 \Rightarrow C - \alpha_i^{(L)} - \mu_i^{(L)} = 0 \\[2mm] \dfrac{\partial L}{\partial \xi^{(U)}} = 0 \Rightarrow C - \alpha_i^{(U)} - \mu_i^{(U)} = 0 \end{cases}$$

代入对偶问题表达式,并由 $C - \alpha_i = \mu_i$ 可以得到 $0 \leq \alpha_i \leq C$ 后的优化问题为

$$\begin{cases} \max\limits_{\alpha^{(L)}, \alpha^{(U)}} \sum_{i=1}^{m} y_i (\alpha_i^{(U)} - \alpha_i^{(L)}) - \varepsilon (\alpha_i^{(U)} + \alpha_i^{(L)}) \\ \qquad - \dfrac{1}{2} \sum_{i=1}^{m} \sum_{j=1}^{m} (\alpha_i^{(U)} - \alpha_i^{(L)})(\alpha_j^{(U)} - \alpha_j^{(L)}) K(x_i, x_j) \\ s.t. \begin{cases} \alpha_i^{(L)} \geq 0, \alpha_i^{(U)} \leq C, i = 1, 2, \cdots, m \\ \sum_{i=1}^{m} (\alpha_i^{(U)} - \alpha_i^{(L)}) = 0 \end{cases} \end{cases}$$

式中,$K(x_i, x_j) = \phi(x^i)^T \phi(x^j)$ 为核函数。上述求最优解的过程需要满足 KKT(Karush-Kuhn-Kucker)条件,其中的互补松弛条件为

$$\begin{cases} \alpha_i^{(L)} (\varepsilon + \xi_i^{(L)} + y_i - w^T \phi(x_i) - b) = 0 \\ \alpha_i^{(U)} (\varepsilon + \xi_i^{(U)} - y_i + w^T \phi(x_i) + b) = 0 \\ \mu_i^{(L)} \xi_i^{(L)} = (C - \alpha_i^{(L)}) \xi_i^{(L)} \\ \mu_i^{(U)} \xi_i^{(U)} = (C - \alpha_i^{(U)}) \xi_i^{(U)} \end{cases}$$

若样本早间隔带内,则 $\xi_i = 0$,$|y_i - w^T \phi(x_i) - b| < \varepsilon$,于是要让互补松弛条件成立,只

有使 $\alpha_i^{(U)} = 0$ 、$\alpha_i^{(L)} = 0$，则可得到 $w = 0$，说明在间隔带内的样本都不是支持向量，而对于间隔带上或间隔带外的样本。相应地，$\alpha_i^{(U)}$ 或 $\alpha_i^{(L)}$ 才能取非零值。此外，一个样本不可能同时位于 $f(x,w)$ 的上方或下方，上式中的前两个式子不能同时成立，因此 $\alpha_i^{(U)}$ 或 $\alpha_i^{(L)}$ 中至少有一个为零。

上述优化问题同样可以使用二次规划求出 α，继而求得模型参数 $w = \sum_{i=1}^{m} (\alpha_i^{(U)} - \alpha_i^{(L)})\phi(x)$。而对于模型参数 b 来说，对于任意 $0 \leq \alpha_i \leq C$ 的样本，由上式的后两个式子可得 $\xi_i = 0$，进而根据上式中的前两个式子得到

$$b = \varepsilon + y_i - w^{\mathrm{T}}\phi(x_i) = \varepsilon + y_i - \sum_{j=1}^{m} (\alpha_j^{(U)} - \alpha_j^{(L)})K(x_i, x_j)$$

则有 SVR 最后的模型为

$$f(x, w) = w^{\mathrm{T}}\phi(x_i) + b = \sum_{j=1}^{m} (\alpha_j^{(U)} - \alpha_j^{(L)})K(x_i, x_j) + b$$

根据 KKT 条件，在以上规划问题中，系数 $\alpha_i^{(U)} - \alpha_i^{(L)}$ 中只有一部分为非零值，与之对应的输入向量带有等于或大于 ε 的近似误差，称为支持向量。

由此，用于回归问题的支持向量机算法可描述如下：利用 SVR 算法进行回归分析时，一般采用一些启发式算法，如遗传算法 GA、粒子群算法 PSO 等，对 SVR 的参数进行优选，以提高算法的精度，其流程如图 4-35 所示。

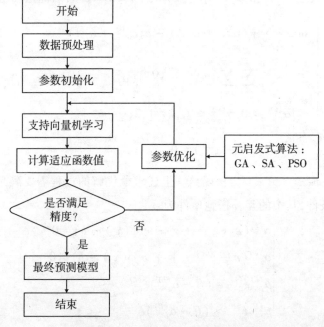

图 4-35　SVR 算法预测分析过程

具体步骤如下。

步骤 1：输入历史数据，对数据进行预处理，形成训练数据集和测试数据集。

步骤 2：对 SVR 的参数进行初始化，选择适当的核函数，对拉格朗日乘子 $\hat{a}$ 和 b 赋予随机的初始值。

步骤 3：利用训练数据建立支持向量回归模型的目标函数，然后求解目标函数，得到 $\hat{a}$ 和 b 的值。

步骤 4：将得到的值代入预报函数，利用训练数据来计算未来某一时刻的预测值。

步骤 5：计算误差函数，当误差绝对值小于某个预先设定的某个正数时，则结束学习过程，否则（利用启发式算法对参数优化后）返回步骤 3 继续学习。

（4）基于机器学习的作战使用性能评估方法

装备作战使用性能是指装备在特定条件下执行规定作战任务所能达到预期可能目标的能力或程度，是装备的战技指标在特定条件和规定任务中的具体表现。基于机器学习的作战使用性能评估方法，就是结合仿真分析数据，利用机器学习算法，采用数据驱动的思想，通过引入元模型方法构建装备作战使用性能评估模型。在此基础上利用基于元启发式优化算法，如遗传算法 GA、粒子群算法等来改进机器学习算法的拟合模型的精度，构建作战使用性能评估元模型，基于此进行关联性分析、灵敏度分析，挖掘出评估指标体系的关联关系及指标之间的客观权值。该方法可为装备体系顶层快速优化设计、作战使用性能评估结果预测奠定基础。

① 基于机器学习的作战使用性能评估问题描述。

装备的作战使用性能评估过程实质上就是求解一个多目标输入的非线性方程，可用数学模型描述为

$$\begin{cases} \max(or\ \min)\ F(X) \\ s.t.\begin{cases} g_i(X) \leqslant 0, i = 1, 2, \cdots, m \\ h_j(X) = 0, j = 1, 2, \cdots, k \end{cases} \end{cases}$$

式中，$X = (x_1, x_2, \cdots, x_n)$ 为评估指标集，$F(X)$ 为 n 维指标空间的非线性目标函数，$g_i(X)$、$h_j(X)$ 分别为目标函数的不等式约束和等式约束。

对于航天装备来说，作战使用性能评估的目标函数空间 $F(X)$ 十分复杂，通常无法用具体数学表达式进行描述，是一个典型的黑箱系统。传统的数学解析法不能准确地描述这一黑箱系统，需要考虑其他科学可行且置信度高的方法。

② 基于元模型的作战使用性能评估建模流程。

元模型技术是利用所研究问题的输入输出数据进行算法拟合，从而得到问题内在规律的一种简化模型，它提供了对复杂系统内部机理的描述手段。

作战使用性能评估元模型的构造流程,如图 4-36 所示。其构造过程主要包含以下 4 个步骤。

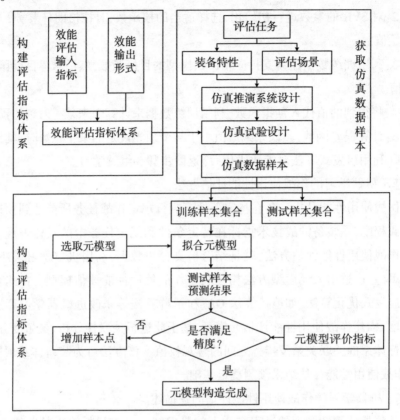

图 4-36 作战使用性能评估元模型构造流程

步骤 1:设计仿真想定。

依据作战使用性能评估对象、评估任务及作战场景需求,设计作战仿真想定,以模拟待评估装备的执行某项作战任务过程,为获取作战使用性能评估数据奠定基础。

步骤 2:建立评估指标体系。

评估指标体系的意义在于指导仿真评估输入输出指标的试验设计。通过分析评估任务、待评估对象及装备作战对抗过程机理,确定对抗条件下,影响航天装备效能的指标要素及效能结果输出形式,从而构建出层次化的评估指标体系。

步骤 3:仿真试验设计。

试验设计的目的是在于获取分布均匀,能遍历作战使用性能评估过程所有可能情况的评估指标参数组合,为作战使用性能评估元模型构建提供包含普遍规律的训练样本和测试数据样本。

步骤 4:选择元模型并进行回归分析。

根据作战使用性能评估问题特点及评估指标体系结构,并考虑元模型算法进行回归分析的效率,选择合适的元模型。用于构造作战使用性能评估元模型的方法种类多样,包括人工神经网络、支持向量回归机、深度置信网络模型等。

4.4　航天装备一体化试验鉴定评估中的常用效能分析评估方法

航天装备系统结构复杂,多层次、立体化,但目前还缺乏一个比较完全可信的针对航天装备试验鉴定,特别是一体化试验鉴定的效能分析评估方法体系。传统的效能分析评估方法涉及面窄,通常关注于指标综合算法或处理模型,结构单一,难以用于复杂的航天装备一体化试验鉴定评估。本节首先建立航天装备一体化试验鉴定效能分析评估的基本框架,然后研究权重分析模型、底层评估指标的计算模型、评估指标的聚合分析模型等关键问题。

4.4.1　一体化试验鉴定效能分析评估的基本框架

类似于狭义的航天装备一体化试验鉴定评估,一体化试验鉴定效能分析评估的基本框架如图 4-37 所示。

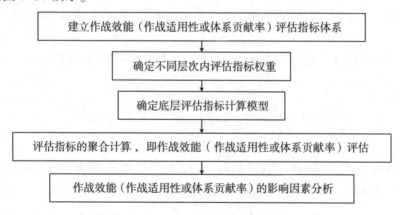

图 4-37　效能分析评估的基本框架

4.4.2　权重分析模型

目标的权重确定方法大体分为主观赋权法和客观赋权法。主观赋权法是基于决策者给出的主观偏好信息或决策者直接根据经验得到的属性权重,主要有专家调查法、循环评分法、二项系数法和层次分析法等。客观赋权法是基于决策矩阵信息,通过建立一定的数学模型计算出权重系数,如主成分分析法等。这里简要介绍信息熵法和主成分分析法。

(1)基于信息熵的权重确定模型

信息熵是由香农(Shannon)将热力学熵引入信息论而提出的,是不确定方法的一种重要概念,常被用作对不确定性的一种度量,信息量越大,不确定性就越小,熵也越小;信息量越小,不确定性越大,熵值也越大。根据熵的特性,可以由熵值来判断一个事件的随机性及无序程度,也可以用熵值来判断某个因素的离散程度。一般而言,指标的离散程度越强,熵值就越小;反之,熵值就越大。在确定多个因素的相对重要性时,对某个因素,若各个因素的值没有太大区别,则该因素在综合分析中所起的作用不大;反之,若对某个因素而言,各个因素的值有很大的波动,即该指标的离散程度很大,则这个因素对综合分析有很重要的影响。所以,可以利用熵值这个工具来计算各个因素的权重。

设有 R_H 个因素,记为 $X = \{x_1, x_2, \cdots, x_m\}$,则针对 m 个因素组织 n 个专家或抽取 n 个相关体系得到一个决策矩阵为

$$A_{n \times m} = \begin{vmatrix} x_{11} & x_{12} & \cdots & x_{1m} \\ x_{21} & x_{22} & \cdots & x_{2m} \\ \vdots & \vdots & & \vdots \\ x_{n1} & x_{n2} & \cdots & x_{nm} \end{vmatrix}$$

其中,x_{ij} 为第 i 个专家(或体系)的第 j 个因素的判断值,则基于信息熵法的权重确定步骤如下。

步骤1:对矩阵 $A_{n \times m}$ 进行规范化处理,然后进行归一化处理得到矩阵 $R = (r_{ij})_{n \times m}$,其中

$$r_{ij} = \frac{x_{ij}}{\sum_{i=1}^{n} x_{ij}}, i = 1, 2, \cdots, n; j = 1, 2, \cdots, m$$

步骤2:对于给定的因素 $j, r_{ij}(i = 1, 2, \cdots, n)$ 的差异越大,则对因素 j 进行区分的信息越大,用信息熵来度量其大小,信息熵函数表达式为

$$E_j = -\frac{1}{\ln n} \sum_{i=1}^{n} r_{ij} \ln r_{ij}, j = 1, 2, \cdots, m$$

式中,当 $r_{ij} = 0$ 时,规定 $r_{ij} \ln r_{ij} = 0$。

步骤3:计算因素权重向量 $W = (W_1, W_2, \cdots, W_m)$,其中

$$W_j = \frac{1 - E_j}{\sum_{k=1}^{m} (1 - E_k)}, j = 1, 2, \cdots, m$$

（2）基于主成分分析法的权重确定模型

基于主成分分析法的权重确定模型，其实质就是一种基于指标样本信息的主要成分分析的赋权方法。基本思想是：赋权的信息源来自客观待决策系统，确定权重的前提是要首先了解整体系统中各指标因子相关联特征及其对决策指标的贡献量。因此，首先根据指标参数样本形成系统分析的相关矩阵；其次，采用旋转正交变换主成分分析法，提取关联矩阵的主成分信息；最后，通过贡献量大小识别各个指标因子的权重值。

步骤1：建立赋权信息源的相关矩阵。

在航天装备一体化试验鉴定评估活动中，各种决策问题的影响指标值是当时决策的真实依据，是最重要的赋权信息来源。不同指标因子在整体系统中的相互作用，可以用相关信息矩阵表示。首先为了消除不同单位或量级尺度影响，一般先要指标数据进行归一化处理，从而得到指标样本矩阵式

$$A = (x_{ij})_{m \times n}$$

令 $I = diag(1,1,\cdots,1)$ 为单位矩阵，G 是 1.0 与 A 之差的样本信息矩阵，即

$$G = \begin{bmatrix} 1-x_1(1) & 1-x_1(2) & \cdots & 1-x_1(n) \\ 1-x_2(1) & 1-x_2(2) & \cdots & 1-x_2(n) \\ \vdots & \vdots & & \vdots \\ 1-x_m(1) & 1-x_m(2) & \cdots & 1-x_m(n) \end{bmatrix}$$

则构造下列关联信息矩阵：

$$\Gamma = G^\gamma G + I = \begin{bmatrix} \gamma_{11} & \gamma_{12} & \cdots & \gamma_{1n} \\ \gamma2_{11} & \gamma_{22} & \cdots & \gamma_{2n} \\ \vdots & \vdots & & \vdots \\ \gamma_{n1} & \gamma_{n2} & \cdots & \gamma_{1n} \end{bmatrix}$$

式中，$\gamma_{ij}(i \neq j)$ 反映了不同指标因子的内部关联性；建立 Γ 矩阵的目的是利用 Γ 矩阵与整体系统各指标因子贡献信息建立联系，由它们的联系系数决定权重。

步骤2：关联矩阵的主成分信息提取。

n 指标因子的关联分析是一种多元分析，为了识别系统中哪些指标因子贡献大，哪些指标因子贡献小，需要对每个指标因子的作用进行分解。显然，这是十分困难的。现代多元分析中有一种方法叫作主成分分析法，它可以通过正交旋转变换，把多因子（相关因子）转化为少量 n 个因子（不相关）的分析，这个过程也称为主成分信息提取。以 Γ 为基础进行主成分分析计算，从中提取的为数较少的新变量，称为主成分量，它们是原始变量的线形组合。

可以采用 Jacobi 旋转主标准算法将 Γ 矩阵分解为一组相互正交的主成分。设原始

指标因子向量 $X = [x_1, x_2, \cdots, x_n]$，其主成分量 $Z = [z_1, z_2, \cdots, z_n]$，$X$ 的关联阵为 Γ，则利用主成分分析有变标度主轴映射向量

$$Z = \Lambda^{-\frac{1}{2}} Q^T X$$

或

$$X = Q\Lambda^{\frac{1}{2}} Z$$

式中，Q 是 Γ 矩阵的特征向量矩阵，即 $Q = [q_1, q_2, \cdots, q_n]$；$\Lambda^{\frac{1}{2}}$ 是对应的特征值矩阵，即

$$\Lambda^{\frac{1}{2}} = \begin{bmatrix} \sqrt{\lambda_1} & 0 & \cdots & 0 \\ 0 & \sqrt{\lambda_2} & \cdots & 0 \\ \vdots & \vdots & & \vdots \\ 0 & 0 & \cdots & \sqrt{\lambda_n} \end{bmatrix}$$

定义：$Q\Lambda^{\frac{1}{2}}$ 为主因子载荷矩阵，记为 D，即

$$D = Q\Lambda^{\frac{1}{2}}$$

可以看到，D 的 $\Lambda^{\frac{1}{2}}$ 信息和 Q 矩阵信息来源于原指标集的关联矩阵 Γ。一旦 Γ 矩阵给定，则相应的 D 矩阵是唯一和确定的。

步骤 3：指标集权重的计算。

主因子载荷矩阵 D 描述了原始因子和主因子的联系。由主成分分析法可以计算关联矩阵 Γ 的特征值 $\Lambda = diag\{\lambda_1, \lambda_2, \cdots, \lambda_n\}$ 及其方差贡献 E_i，即

$$E_i = \frac{\sum_{j=1}^{i} \lambda_j}{\sum_{j=1}^{n} \lambda_j} \times 100\%$$

利用关联矩阵 Γ 与每一列主因子荷载向量 d_j 建立回归方程

$$\Gamma\alpha_j = d_j$$

系数向量 α_j 的解为

$$\alpha_j = \Gamma^{-1} d_j$$

上述 $\alpha_j = \{\alpha_{ij}\}$ 描述了第 j 个系数主成分分量贡献，它与对应的方差贡献 E_i 的组合，便是要确定的第 i 个指标的权重值，即

$$\bar{\omega}_i = \sum_{j=1}^{n} |\alpha_{ij}| E_{ij} \quad (i = 1, 2, \cdots, n)$$

对所有权重进行归一化处理，即获得标准权重值为

$$\omega = \frac{\overline{\omega}_i}{\displaystyle\sum_{j=1}^{n} \overline{\omega}_i}$$

4.4.3　底层评估指标的计算模型

航天装备单体、系统或体系的作战性能、作战效能或体系贡献率,是以战术技术性能参数、任务效果参数等指标的形式给出的。航天装备一体化试验鉴定评估活动的根本任务,就是对航天装备单体、系统或体系的作战性能、作战效能或体系贡献率进行试验鉴定。即利用靶场特有的试验场区、设施及设备组成接近实战环境的试验平台,将被试装备(或系统、体系,简称被试品)置于模拟战场环境中进行试验,借助于标准测量设备或系统、记录设备及其他手段,获取有关被试品战术技术性能、任务效果的大量试验数据,然后对这些数据进行统计处理和结果分析,进而对被试品的作战性能、作战效能或体系贡献率做出尽可能准确的结论,为其论证、定型、生产或编配提供依据。

底层指标计算是航天装备一体化试验鉴定评估活动的基础工作,通过计算得到具体的底层指标值后才能进行作战效能、作战适用性和体系贡献率评估计算。底层指标计算数据通常来源于多个航天装备一体化试验鉴定评估活动,这里主要介绍基于较大样本的矩估计法和极大似然估计法,基于小样本的贝叶斯估计法,基于正态分布的参数区间估计。

(1)矩估计法

设 $X_1, X_2, \cdots, X_n$ 是取自总体 X 的独立样本,称

$$a_k = \frac{1}{n} \sum_{i=1}^{n} X_i^k$$

为总体 X 的 k 阶样本原点矩。一阶样本原点矩 a_1 就是样本均值 $\overline{X}$。而称

$$m_k = \frac{1}{n} \sum_{i=1}^{n} (X_i - \overline{X})^k$$

为总体 X 的 k 阶样本中心矩。二阶样本中心矩 m_2 与样本方差 S^2 有如下关系:

$$S^2 = \frac{n}{n-1} m_2$$

当总体 X 的密度函数为 $f(x, \theta_1, \theta_2, \cdots, \theta_m)$ 时,它的 k 阶原点矩 v_k 和 k 阶中心矩 μ_k 的理论值分别为

$$v_k = v_k(\theta_1, \theta_2, \cdots, \theta_m) = \int_{-\infty}^{\infty} x^k f(x, \theta_1, \theta_2, \cdots, \theta_m) \, dx$$

$$\mu_k = \mu_k(\theta_1, \theta_2, \cdots, \theta_m) = \int_{-\infty}^{\infty} (x - v_1)^k f(x, \theta_1, \theta_2, \cdots, \theta_m) \, dx$$

v_k 和 μ_k 都是 $\theta_1,\theta_2,\cdots,\theta_m$ 的函数。至少在 n 较大时,有 $v_k=a_k$。一般说来,n 越大,近似程度越高。对总体 X 的 k 阶理论中心矩 μ_k 和 k 阶样本中心矩 m_k 也有 $\mu_k\approx m_k$,道理和原点矩的情形一样。所不同的是,v_1 未知,故在计算样本中心矩时用样本均值 $\bar{X}$ 代替了 v_1。

在矩估计的一般讨论中,使用原点矩或使用中心矩都是一样的,不妨以原点矩为例进行讨论。由于 $v_k\approx a_k$,为了求取 $\theta_1,\theta_2,\cdots,\theta_m$ 的估计量,把近似等式改写成等式,得到如下方程组:

$$v_k(\theta_1,\theta_2,\cdots,\theta_m)=a_k,k=1,2,\cdots,m$$

求解该方程组,得到其解 $\bar{\theta}_i=\bar{\theta}_i(X_1,X_2,\cdots,X_n)$,$i=1,2,\cdots,m$,就以 $\bar{\theta}_i$ 作为 θ_i 的估计。如果要估计的是 $\theta_1,\theta_2,\cdots,\theta_m$ 的某函数 $g(\theta_1,\theta_2,\cdots,\theta_m)$,则用 $g(\bar{\theta}_1,\bar{\theta}_2,\cdots,\bar{\theta}_m)$ 去估计它。这样确定估计量的方法就叫作矩估计法。

(2)极大似然估计法

设总体 X 的分布类型已知,密度函数为 $f(x,\theta_1,\theta_2,\cdots,\theta_m)$,$X_1,X_2,\cdots,X_n$ 是取自总体 X 的独立样本。则 n 元随机变量 $X_1,X_2,\cdots,X_n$ 的联合密度函数为

$$L(x_1,x_2,\cdots,x_n,\theta_1,\theta_2,\cdots,\theta_m)=\prod_{i=1}^{n}f(x_i,\theta_1,\theta_2,\cdots,\theta_m)$$

因为有了样本 $X_1,X_2,\cdots,X_n$,所以将 L 中的变量 $x_1,x_2,\cdots,x_n$ 换成 $X_1,X_2,\cdots,X_n$,并认为它们保持不变,而把 L 看成未知参数的函数。这时,L 已经失去了密度函数的意义,故将它改称"似然函数",意指有了样本 $X_1,X_2,\cdots,X_n$ 的条件下,$\theta_1,\theta_2,\cdots,\theta_m$ 取各种值的"似然"程度。既然样本 $X_1,X_2,\cdots,X_n$ 已经产生,就应该认定使 L 达到最大值的 $\bar{\theta}_1,\bar{\theta}_2,\cdots,\bar{\theta}_m$ 似然程度最大,即最像是真参数值。所以,把满足

$$L(X_1,X_2,\cdots,X_n,\bar{\theta}_1,\bar{\theta}_2,\cdots,\bar{\theta}_m)=\max_{\theta_1,\theta_2,\cdots,\theta_m}L(X_1,X_2,\cdots,X_n,\theta_1,\theta_2,\cdots,\theta_m)$$

的 $\bar{\theta}_1,\bar{\theta}_2,\cdots,\bar{\theta}_m$ 作为对 $\theta_1,\theta_2,\cdots,\theta_m$ 的估计,叫作极大似然估计。如果要估计的是 $g(\theta_1,\theta_2,\cdots,\theta_m)$,那么 $G(X_1,X_2,\cdots,X_n)=g(\bar{\theta}_1,\bar{\theta}_2,\cdots,\bar{\theta}_m)$ 就是 $g(\theta_1,\theta_2,\cdots,\theta_m)$ 的极大似然估计。

因为 $L>0$,因此 L 和 $\ln L$ 有相同的最大值点,故常用多元函数极值点的求法,求解下列方程组:

$$\frac{\partial}{\partial\theta_i}\ln L=0,i=1,2,\cdots,m$$

得到 $\ln L$ 的极值点 $\bar{\theta}_1,\bar{\theta}_2,\cdots,\bar{\theta}_m$,然后检验它们是不是 L 的最大值点。如果是最大值点,就作为 $\theta_1,\theta_2,\cdots,\theta_m$ 的极大似然估计。

(3)贝叶斯估计法

矩估计法和极大似然估计法都把待估参数 θ 看成纯粹的未知量。贝叶斯估计则不同,它假定在试演训之前就对 θ 有所了解,即对 θ 有所谓验前知识,且这种验前知识是以 θ 的密度函数形式给出,记作 $h(\theta)$。$h(\theta)$ 就叫作 θ 的先验分布。记总体 X 的密度函数为 $f(X,\theta)$,$X_1,X_2,\cdots,X_n$ 是取自总体 X 的独立样本,那么 $(\theta,X_1,X_2,\cdots,X_n)$ 的联合密度函数为

$$h(\theta)f(X_1,\theta)f(X_2,\theta)\cdots f(X_n,\theta)$$

$X_1,X_2,\cdots,X_n$ 的边际密度为

$$P(X_1,X_2,\cdots,X_n)=\int h(\theta)f(X_1,\theta)f(X_2,\theta)\cdots f(X_n,\theta)d\theta$$

积分区间由 θ 的范围而定。于是,在给定 $X_1,X_2,\cdots,X_n$ 的条件下,θ 的条件密度为

$$h(\theta\mid X_1,X_2,\cdots,X_n)=h(\theta)\frac{f(X_1,\theta)f(X_2,\theta)\cdots f(X_n,\theta)}{P(X_1,X_2,\cdots,X_n)}$$

该条件密度综合了对 θ 的先验知识 $h(\theta)$ 和样本 $X_1,X_2,\cdots,X_n$ 带来的信息,叫作待估参数 θ 的后验密度。有了 θ 的后验密度后,对 θ 的估计就完全基于这后验密度。通常把这后验分布的均值作为对 θ 的估计。

显然,在贝叶斯估计中,先验密度 $h(\theta)$ 不仅必不可少,而且其作用举足轻重。因为 $h(\theta)$ 不同,后验分布也就不同,因而得到的 θ 的估计也有所不同。另外,在试演训之前对待估参数 θ 的了解不可能很深,否则也没有必要费力去估计它。既然了解不深,那么 $h(\theta)$ 应该相应地模糊一点,否则就可能会把错误信息带入对 θ 的估计之中。所以,选择 $h(\theta)$ 时通常采用贝叶斯本人提出的"同等无知"的原则。例如估计两点分布参数 P 时,选择 $h(P)$ 为区间 $[0,1]$ 上的均匀分布;估计正态分布的均值 μ 时,选择 $h(\mu)=1$,就是指 μ 取任何值都是等可能的。

(4)基于正态分布的参数区间估计

对航天装备一体化试验鉴定评估活动的某个具体底层指标,除了用点估计给出它的近似值外,还可以用区间估计给出它的取值区间。区间估计法的优点是,把估计误差用醒目的形式标示出来了。把这个区间估计的半长度叫作区间估计的精度,显然,区间半长度越短,精度越高;反之,精度越低。参数 θ 的区间估计问题可以表述为:对预先给定的 $0<\alpha<1$,利用从总体中抽出的样本 $X_1,X_2,\cdots,X_n$ 构造一个区间 $[\theta_1,\theta_2]$,其实质是 $[\theta_1(X_1,X_2,\cdots,X_n),\theta_2(X_1,X_2,\cdots,X_n)]$,使得

$$P(\theta_1\leqslant\theta\leqslant\theta_2)=1-\alpha$$

则称 $[\theta_1,\theta_2]$ 为参数 θ 的置信区间,θ_1、θ_2 分别称为置信下限和置信上限,$1-\alpha$ 称为置信水平。

航天装备一体化试验鉴定评估活动的测量值和测量误差,一般都服从正态分布,而

参数的区间估计正是以正态分布为基础。

设总体 X 服从正态分布 $N(u,\sigma^2)$，$X_1,X_2,\cdots,X_n$ 是通过试验活动得到的样本，需要对 X 的均值进行区间估计。

当 σ 已知时，对总体均值 u 进行区间估计的一般步骤包括：

步骤 1：计算样本均值 $\bar{X} = \dfrac{1}{n}\sum_{i=1}^{n} X_i$；

步骤 2：给出置信水平 $1-\alpha$，查表得到 $u(\alpha/2)$；

步骤 3：计算置信区间半长度 ε，其算法是

$$\varepsilon = \frac{\sigma}{\sqrt{n}}u\left(\frac{\alpha}{2}\right)$$

步骤 4：计算均值 u 的置信区间 $[u_1,u_2]$，则有

$$[u_1,u_2] = [\bar{X} - \varepsilon, \bar{X} + \varepsilon]$$

当 σ 未知时，对总体均值 u 进行区间估计的一般步骤包括：

步骤 1：计算样本均值 $\bar{X}$ 和样本标准差 S；

$$\bar{X} = \frac{1}{n}\sum_{i=1}^{n} X_i, \quad S = \sqrt{\frac{1}{n-1}\sum_{i=1}^{n}(X_i - \bar{X})^2}$$

步骤 2：给出置信水平 $1-\alpha$，查表得到 $t_{n-1}(\alpha/2)$；

步骤 3：计算置信区间半长度 ε，其算法是

$$\varepsilon = \frac{S}{\sqrt{n}}t_{n-1}\left(\frac{\alpha}{2}\right)$$

步骤 4：计算均值 u 的置信区间 $[u_1,u_2]$，则有

$$[u_1,u_2] = [\bar{X} - \varepsilon, \bar{X} + \varepsilon]$$

对于非正态总体 X，当样本容量 n 很大时，$\bar{X}$ 近似服从正态分布 $N(u,\sigma^2/n)$，但是 σ 未知，不过当 n 很大时，可近似地用 S 代替 σ，置信区间半长度 ε 可用下式确定：

$$\varepsilon = \frac{S}{\sqrt{n}}u\left(\frac{\alpha}{2}\right)$$

4.4.4 评估指标的聚合分析模型

进行航天装备一体化试验鉴定评估活动的各层指标聚合计算之前，通常要求序列的数据之间保持"等权""等极性"等性质，因此必须对数列进行无量纲化或归一化等规范化处理。归一化方法比较成熟，参考书籍很多，这里不赘述。

根据前面的数据处理模型及底层指标计算模型，对航天装备一体化试验鉴定评估

活动的指标进行聚合运算常用加权平均模型、灰色关联聚合模型等。

（1）加权平均模型

加权平均模型主要包括基于加法加权平均综合模型、乘法加权平均综合模型、加法乘法加权综合方法以及增益型线性加权综合方法等。

① 加法加权平均综合模型。

加法加权平均综合模型方法是目前航天装备一体化试验鉴定评估活动广泛应用的一类系统评价方法，其综合评价指标值的表达式为

$$W_i = \sum_{j=1}^{n} w_j a_{ij}$$

式中，a_{ij} 为评价对象 i 关于指标 a_j 的单指标评价值，w_j 为指标 a_j 的权重。于是可以根据 W_i 的值的大小对评价对象就那些排序，或根据 W_i 的散布特征和聚类特征对评价对象进行分类。

该方法中，各指标的评价值可以线性地相互补偿，即某个指标的评价值比较低而其他指标的评价值比较高，则综合评价指标值仍然比较高；提高任一指标的评价值，都可以提高综合评价指标值。由这种补偿性产生了该方法的许多特点。

a. 该方法要求各个指标之间应该尽可能相互独立，以避免因指标的重复利用而难于反映各评价对象的实际情况。

b. 该方法要求各个指标之间权重的确定应尽可能合理，以便于利用权重协调这些指标之间的补偿作用。

c. 当给定评价指标样本值和指标权重时，该方法对各个评价对象综合评价指标值之间的差异不太敏感，这一点在应用时必须注意。换而言之，可以使各个评价对象综合评价指标值之间的差异最大来反求各个指标之间合理的客观权重。

d. 该方法直观简便，易于推广和改进。

e. 使用该方法的过程，既可以根据不同时期优先发展不同个别指标而实施系统跨越式发展，也可能因各个指标发展不平衡而导致畸形发展。

② 乘法加权平均综合模型。

乘法加权平均综合模型方法的综合指标表达式为

$$W_i = \prod_{j=1}^{n} a_{ij}^{w_j}$$

式中，a_{ij} 为第 i 个评价对象的第 j 个指标值，w_j 为第 j 个指标的权重。式中，当各个 $w_j = 1/n$ 时，该方法就成为功效系数法。

乘法加权平均综合模型的特点如下。

a. 要求各个指标的评价值尽可能取得最高水平，才能使综合评价指标值取得较高

值;只要某个指标的评价值非常小,则不论其他指标的评价值取多高,综合评价指标值都将迅速接近于零。因此,该方法强调各个指标的评价值的协调性,适用于各个指标间具有明显关联关系的情况。

b. 该方法要求一致无量纲指标值 a_{ij} 不小于 1。

c. 该方法对指标值变动的反映比加法加权平均综合模型明显,有助于反映各个评价对象综合评价指标值之间差异的作用,而指标权重的作用不如加法加权平均综合模型那么明显。

d. 该方法运算比加法加权平均综合模型复杂些。

e. 使用该方法的过程,可以促进系统各个指标全面、协调地发展。

③ 加法乘法加权平均综合模型。

加法乘法加权平均综合模型就是对加法加权平均综合模型和乘法加权平均综合模型进行组合,其综合评价值的表达式为

$$W_i = d \sum_{j=1}^n w_{1j} a_{ij} + (1 - d) \prod_{j=1}^n a_{ij}^{w_{2j}}$$

式中,w_{1j}、w_{2j} 分别是指标 a_j 的加法权重和乘法权重,d 为加法加权平均综合模型的权重。

加法乘法加权平均综合模型还可以将指标分成几类,先将类内指标进行乘法加权平均综合模型处理,再将各类的乘积作加法加权平均综合模型处理;或先将类内指标进行加法加权平均综合模型处理,再将各类的乘积作乘法加权平均综合模型处理。

④ 增益型线性加权平均综合模型。

增益型线性加权平均综合模型就是对单指标评价值大于其平均值时给以增益,而对小于平均值时给以折损,其综合评价值的表达式为

$$W_i = \sum_{j=1}^n w_j \frac{a_{ij} + u(a_{ij})}{2}$$

式中,a_{ij} 为第 i 个评价对象的第 j 个指标值,w_j 为第 j 个指标的权重。$u(a_{ij})$ 为连续、分段可微的不减函数,它把 a_{ij} 的变化区间 $[0,1]$ 变换到区间 $[0,s]$,且有 $s>1$ 、$u(0)=0$ 、$u(0.5)<0.5$ 、$u(1)=s$。

(2)灰色关联聚合模型

灰色关联是灰色系统的基本概念。灰色关联是指事物之间的不确定关联;或系统因子之间,因子对主行为之间的不确定关联。灰色关联简称灰关联。利用灰关联的概念和方法,从不完全的信息中,对所要分析研究的各因素,通过一定的数据处理,在随机的因素序列间,找出它们的关联性,发现主要矛盾,找到主要影响因素。

关联分析主要是态势变化的比较分析,也就是对系统动态发展过程的量化分析。关联分析根据因素之间发展态势的相似或相异程度来衡量因素间接近的程度。这种因

素的比较,实质上是几种几何曲线间几何形状的分析比较,即认为几何形状越接近,则发展态势越接近,关联程度越大。关联度系数的计算,就是因素间关联程度大小的一种定量分析。由于关联度分析法是按发展趋势做分析的,因此对样本的多少没有太高要求,分析时也不需要找典型的分布规律。

① 灰色关联分析原理。

对各种系统进行关联分析时,首先要确定数据列。数据列包括时间序列和非时间序列(或指标序列)。时间序列所研究的系统是随时间变化的系统,其分析是通过历史的发展变化,对因素进行关联分析。而非时间序列或指标序列是研究系统随指标变化的系统,其分析是通过各因素随指标的变化对系统的影响,来分析各因素的关联情况。

在指定了参考数列和获取了系统各有关因素作为比较数据列之后,在灰关联空间里将比较数据列与参考数列进行关联计算,得到系统各因素的关联度。

根据灰色系统理论,令参考序列 x_0 为

$$x_0 = \{x_0(1), x_0(2), \cdots x_0(n)\}$$

比较序列为 $x_i(i=1,2,\cdots,m)$,其中

$$x_1 = \{x_1(1), x_1(2), \cdots x_1(n)\}$$
$$x_2 = \{x_2(1), x_2(2), \cdots x_2(n)\}$$
$$\cdots\cdots$$
$$x_m = \{x_m(1), x_m(2), \cdots x_m(n)\}$$

对于序列 x_0 与 x_i 中第 k 个数 $x_0(k)$ 与 $x_i(k)$,$x_0(k)$ 与 $x_i(k)$ 的灰色关联系数为

$$\gamma(x_0(k), x_i(k)) = \frac{\min\limits_{i}\min\limits_{k} |x_0(k) - x_i(k)| + \xi \max\limits_{i}\max\limits_{k} |x_0(k) - x_i(k)|}{|x_0(k) - x_i(k)| + \xi \max\limits_{i}\max\limits_{k} |x_0(k) - x_i(k)|}$$

式中,ξ 为分辨系数,$\xi \in (0,1]$,ξ 越小,关联系数的分辨力越高,一般取 $\xi=0.5$。$|x_0(k)-x_i(k)|$ 为序列 x_0 与 x_i 中第 k 个数 $x_0(k)$ 与 $x_i(k)$ 的绝对差。$\min\limits_{k}|x_0(k)-x_i(k)|$ 是指绝对差 $|x_0(k)-x_i(k)|$ 按不同 k 值选其中最小者,称为第一层次最小差。$\min\limits_{i}\min\limits_{k}|x_0(k)-x_i(k)|$ 则是指第一层次最小差 $\min\limits_{k}|x_0(k)-x_i(k)|$ 按不同 i 值再选其中最小者,称为第二层次最小差。同理,$\max\limits_{k}|x_0(k)-x_i(k)|$ 是指绝对差 $|x_0(k)-x_i(k)|$ 按不同 k 值选其中最大者,称为第一层次最大差。$\max\limits_{i}\max\limits_{k}|x_0(k)-x_i(k)|$ 则是指第一层次最大差 $\max\limits_{k}|x_0(k)-x_i(k)|$ 按不同 i 值再选其中最大者,称为第二层次最大差。

$\min\limits_{i}\min\limits_{k}|x_0(k)-x_i(k)|$ 与 $\max\limits_{i}\max\limits_{k}|x_0(k)-x_i(k)|$ 称为 x_0 与 x_i 在 k 点比较的环境参数。

得到灰色关联系数 $\gamma(x_0(k), x_i(k))$,根据灰关联空间所述,通过下式即可得到序列

x_0 与 x_i 的灰关联度 $\gamma(x_0,x_i)$。

$$\gamma(X_0,X_i) = \frac{1}{n}\sum_{k=1}^{n}\gamma(x_0(k),x_i(k))$$

则 $\gamma(X_0,X_i)$ 满足灰色关联四公理,其中 ξ 称为分辨系数。$\gamma(X_0,X_i)$ 称为 X_0 与 X_i 的灰色关联度。

② 加权灰关联分析模型。

在航天装备一体化试验鉴定评估活动的各种决策活动中,实际上各决策子系统或相关因素在决策中的地位和作用不尽相同,各子系统或各因素的权重是不同的,会对决策结果造成很大的影响。因此,为进行灰关联分析,可在各子系统或各因素之间取不同的权重。具体来讲,就有灰关联系数的加权模型和灰关联度的加权模型。

假设决策系统 U 具有决策分系统 $U_1,U_2,\cdots,U_k$,分系统 U_k 有 $U_{k1},U_{k2},\cdots,U_{km}$ 等决策指标。

a. 灰关联系数的加权模型。

假设分系统 U_k 中指标之间的权向量 $\{A_{k1},A_{k2},\cdots,A_{km}\}$,指标 U_{kj} 的灰关联系数 $\gamma(j=1,2,\cdots,m)$,则通过对灰关联系数加权,即得指标 U_{kj} 数据列对于参考序列的灰关联度 γ_k 为

$$\gamma_k = \sum_{j=1}^{m}A_k \cdot \gamma_{kj}$$

b. 灰关联度的加权模型。

假设分系统之间的权向量 $\{A_1,A_2,\cdots,A_n\}$,分系统 U_k 对于决策参考序列的灰关联度 γ_k,则可以得到决策的灰关联度加权模型为

$$\gamma = \sum_{k=1}^{n}A_k \cdot \gamma_k$$

由上述分析,当分系统以及指标之间的相对重要性都需要考虑时,其决策变量通过下式进行计算:

$$\gamma = \sum_{k=1}^{n}A_k \cdot \sum_{j=1}^{m}A_{kj}\gamma_{kj} = \sum_{k=1}^{n}\sum_{j=1}^{m}A_k \cdot A_{kj} \cdot \gamma_{kj}$$

c. 灰色关联的聚合步骤。

按照定义的算式可得灰色关联度的计算步骤如下。

步骤 1:求各序列的初值像(或均值像)。令

$$X'_i = X_i/x_i(1) = (x'_i(1),x'_i(2),\cdots,x'_i(n)),i = 0,1,2,\cdots,m$$

步骤 2:求差序列。记

$$\Delta_i(k) = |x'_0(k) - x'_i(k)|,\Delta_i = (\Delta_i(1),\Delta_i(2),\cdots,\Delta_i(n)),i = 1,2,\cdots,m$$

步骤3:求两极最大差与最小差。记

$$M = \max_i \max_k \Delta_i(k), m = \min_i \min_k \Delta_i(k)$$

步骤4:求关联系数。即

$$\gamma_{0i}(k) = \frac{m + \xi M}{\Delta_i(k) + \xi M}, \xi \in (0,1) \ k = 1,2,\cdots,n; i = 1,2,\cdots,m$$

步骤5:计算关联度。即

$$\gamma_{0i} = \frac{1}{n} \sum_{k=1}^{n} \gamma_{0i}(k); i = 1,2,\cdots,m$$

假设航天装备一体化试验鉴定评估活动的影响因素 $I_1, I_2, \cdots, I_n$,其中 I_k 又可以细分为影响因素 $I_{k1}, I_{k2}, \cdots, I_{km}$。确定权向量 $A_1, A_2, \cdots, A_n$ 和 $A_{k1}, A_{k2}, \cdots, A_{km}$。各个层次的灰关联系数 $\gamma_{kj}(j=1,2,\cdots,m)$ 通过上述方程求得。在进行航天装备一体化试验鉴定评估活动时,假设只需要考虑次顶层分系统之间的相对重要性,航天装备一体化试验鉴定评估活动的聚合模型为

$$E = \sum_{k=1}^{n} A_k \cdot \frac{1}{m} \sum_{j=1}^{m} \gamma_{kj} = \frac{1}{m} \sum_{k=1}^{n} \sum_{j=1}^{m} A_k \cdot \gamma_{kj}$$

当各个层次的相对重要性都需要考虑时,航天装备一体化试验鉴定评估活动的聚合模型为

$$E = \sum_{k=1}^{n} A_k \cdot \sum_{j=1}^{m} A_{kj} \cdot \gamma_{kj} = \sum_{k=1}^{n} \sum_{j=1}^{m} A_k \cdot A_{kj} \cdot \gamma_{kj}$$

4.4.5　评估指标或分系统的主次关系分析模型

(1)主次关系分析的 $GM(1,N)$ 模型原理

设 $X_1^{(0)} = \{x_1^{(0)}(1), x_1^{(0)}(2), \cdots, x_1^{(0)}(n)\}$ 为系统特征数据建模序列,而

$$X_2^{(0)} = \{x_2^{(0)}(1), x_2^{(0)}(2), \cdots, x_2^{(0)}(n)\}$$

$$X_3^{(0)} = \{x_3^{(0)}(1), x_3^{(0)}(2), \cdots, x_3^{(0)}(n)\}$$

$$\cdots\cdots$$

$$X_N^{(0)} = \{x_N^{(0)}(1), x_N^{(0)}(2), \cdots, x_N^{(0)}(n)\}$$

为相关因素数据序列,其中 N 为相关因素个数,n 为描述系统特征和相关因素特征的数据个数。$X_i^{(1)} = (x_i^{(1)}(1), x_i^{(1)}(2), \cdots, x_i^{(1)}(n))(i=1,2,\cdots,N)$ 为 $X_i^{(0)}$ 的 1 阶累加生成算子序列,$Z_1^{(1)}$ 为 $X_1^{(1)}$ 的紧邻均值生成序列,即

$$\begin{cases} x_i^{(1)}(k) = \sum_{j=1}^{k} x_i^{(0)}(j) \\ z_1^{(1)}(k) = 0.5(x_1^{(1)}(k) + x_1^{(1)}(k-1)) \end{cases}$$

则称

$$x_1^{(0)}(k) + az_1^{(1)}(k) = \sum_{i=2}^{N} b_i x_i^{(1)}(k)$$

为 GM$(1,N)$ 模型。

式中,参数 a 为 GM$(1,N)$ 的发展系数,参数 $b_2,\cdots,b_N$ 称为 GM$(1,N)$ 的驱动系数。

又设

$$Y = \begin{bmatrix} x_1^{(0)}(2) \\ x_1^{(0)}(3) \\ \vdots \\ x_1^{(0)}(n) \end{bmatrix}, R = \begin{bmatrix} -z_1^{(1)}(2) & x_2^{(1)}(2) & \cdots & x_N^{(1)}(2) \\ -z_1^{(1)}(3) & x_2^{(1)}(3) & \cdots & x_N^{(1)}(3) \\ \vdots & \vdots & & \vdots \\ -z_1^{(1)}(n) & x_2^{(1)}(n) & \cdots & x_N^{(1)}(n) \end{bmatrix}$$

则 $GM(1,N)$ 模型的最小二乘估计参数列为

$$a\hat{a} = (R^{\mathrm{T}}R)^{-1}R^{\mathrm{T}}Y$$

设参数列 $a\hat{a} = (a,b_2,\cdots,b_N)^{\mathrm{T}}$,则称

$$\frac{\mathrm{d}x_1^{(1)}}{\mathrm{d}t} + az_1^{(1)}(k) = \sum_{i=2}^{N} b_i x_i^{(1)}(k)$$

为 GM$(1,N)$ 模型的白化方程,也称为影子方程。

影子方程的近似时间响应式为

$$\hat{x}_1^{(1)}(k+1) = \left\{ x_1^{(1)}(1) - \frac{1}{a} \left[\sum_{i=2}^{N} b_i x_i^{(1)}(k+1) \right] \right\} \cdot \mathrm{e}^{-ak} + \frac{1}{a} \left[\sum_{i=2}^{N} b_i x_i^{(1)}(k+1) \right]$$

累减还原值为

$$\hat{x}_1^{(0)}(k+1) = \hat{x}_1^{(1)}(k+1) - \hat{x}_1^{(1)}(k)$$

由近似时间响应式可以看出,$GM(1,N)$ 模型是一种状态模型,可以根据系统的发展趋势和目前的影响因素对系统的当前状态进行估计与分析。$GM(1,N)$ 的驱动系数 b_2,$\cdots,b_N$ 分别代表了各个影响因素的作用力大小,可以通过比较驱动系数的大小来对影响因素的相对重要性进行分析。

(2)通信传输正确率影响因素的主次分析算例

复杂电磁环境下,电子侦察装备对卫星的通信传输正确率受到很多因素的影响,如通信频段内的背景信号密度、对方大功率干扰信号频段进入卫星通信频段的百分比、通信接收机接收到的信号功率信干比以及操作人员的操作熟练程度等。为了在复杂电磁环境下能采取相应的措施提高卫星的通信传输正确率,需要对电磁环境影响因素进行定量分析,并对各个影响因素对卫星通信传输正确率的影响大小进行排序,以便于在实际工作抓住主要矛盾、克服主要的影响因素。

以某卫星的通信传输正确率为系统特征数据建模序列,以干扰信号频段进入通信

频段的百分比(相关因素一)、信号功率信干比(相关因素二)、人员操作熟练程度(相关因素三)为相关因素序列,建立 $GM(1,4)$ 模型进行通信传输正确率影响因素的主次分析,分析这 3 个相关因素对卫星通信传输正确率的影响大小。某卫星通信传输正确率和 3 个相关因素数据见表 4-16。

表 4-16　通信传输正确率及相关因素数据

序号	侦察概率	相关因素一	相关因素二	相关因素三
1	70.6%	22.6%	13.9dB	8.6
2	75.1%	21%	14.2dB	8.7
3	79.9%	19%	14.4dB	8.9
4	84.2%	17.5%	14.8dB	9.1
5	88.7%	16%	15dB	9.2

表 4-16 中对操作人员的操作熟练程度评估以 10 分制表示,并对数据进行归一化处理后得到系统特征数据建模序列

$$X_1^{(0)} = \{0.706, 0.751, 0.799, 0.842, 0.887\}$$

和相关因素数据序列

$$X_2^{(0)} = \{0.226, 0.2100, 0.1900, 0.1750, 0.1600\}$$

$$X_3^{(0)} = \{0.9250, 0.9488, 0.9625, 0.9837, 1.0000\}$$

$$X_4^{(0)} = \{0.86, 0.87, 0.89, 0.91, 0.92\}$$

下面分别建立 $GM(1,4)$ 模型。

设 $GM(1,4)$ 模型的白化方程为

$$\frac{\mathrm{d}x_1^{(1)}}{\mathrm{d}t} + ax_1^{(1)} = b_2 x_2^{(1)} + b_3 x_3^{(1)} + b_4 x_4^{(1)}$$

对 $X_1^{(0)}$ 和 $X_2^{(0)}$、$X_3^{(0)}$、$X_4^{(0)}$ 作 1 阶累加生成运算,得到

$$X_1^{(1)} = \{x_1^{(1)}(1), x_1^{(1)}(2), x_1^{(1)}(3), x_1^{(1)}(4), x_1^{(1)}(5)\}$$
$$= \{0.7060, 1.457, 2.256, 3.098, 3.985\}$$

$$X_2^{(1)} = \{x_2^{(1)}(1), x_2^{(1)}(2), x_2^{(1)}(3), x_2^{(1)}(4), x_2^{(1)}(5)\}$$
$$= \{0.226, 0.436, 0.626, 0.801, 0.961\}$$

$$X_3^{(1)} = \{x_3^{(1)}(1), x_3^{(1)}(2), x_3^{(1)}(3), x_3^{(1)}(4), x_3^{(1)}(5)\}$$
$$= \{0.9250, 1.8738, 2.8363, 3.8200, 4.8200\}$$

$$X_4^{(1)} = \{x_4^{(1)}(1), x_4^{(1)}(2), x_4^{(1)}(3), x_4^{(1)}(4), x_4^{(1)}(5)\}$$
$$= \{0.86, 1.73, 2.62, 3.53, 4.45\}$$

$X_1^{(1)}$ 的紧邻均值生成序列为

$$Z_1^{(1)} = \{z_1^{(1)}(2), z_1^{(1)}(3), z_1^{(1)}(4), z_1^{(1)}(5)\} = \{1.0815, 1.8565, 2.6770, 3.5415\}$$

于是有

$$B = \begin{bmatrix} -z_1^{(1)}(2) & x_2^{(1)}(2) & x_3^{(1)}(2) & x_4^{(1)}(2) \\ -z_1^{(1)}(3) & x_2^{(1)}(3) & x_3^{(1)}(3) & x_4^{(1)}(3) \\ -z_1^{(1)}(4) & x_2^{(1)}(4) & x_3^{(1)}(4) & x_4^{(1)}(4) \\ -z_1^{(1)}(5) & x_2^{(1)}(5) & x_3^{(1)}(5) & x_4^{(1)}(5) \end{bmatrix} = \begin{bmatrix} -1.0815 & 0.436 & 1.8738 & 1.73 \\ -1.8565 & 0.626 & 2.8363 & 2.62 \\ -2.6770 & 0.801 & 3.8200 & 3.53 \\ -3.5415 & 0.961 & 4.8200 & 4.45 \end{bmatrix}$$

$$Y = \begin{bmatrix} x_1^{(0)}(2) \\ x_1^{(0)}(3) \\ x_1^{(0)}(4) \\ x_1^{(0)}(5) \end{bmatrix} = \begin{bmatrix} 0.751 \\ 0.799 \\ 0.842 \\ 0.887 \end{bmatrix}$$

所以

$$\hat{a}a = [a \quad b_1 \quad b_2 \quad b_3]^{\mathrm{T}} = (B^{\mathrm{T}}B)^{-1}B^{\mathrm{T}}Y = [1.9230 \quad -2.5886 \quad 4.5526 \quad -2.6423]^{\mathrm{T}}$$

得估计模型

$$\frac{\mathrm{d}x_1^{(1)}}{\mathrm{d}t} + 1.9230 x_1^{(1)} = -2.5886 x_2^{(1)} + 4.5526 x_3^{(1)} - 2.6423 x_4^{(1)}$$

及近似时间响应式为

$$\hat{x}_1^{(1)}(k+1) = \left\{ x_1^{(0)}(1) - \frac{1}{a}\left[\sum_{i=2}^{4} b_i x_i^{(1)}(k+1)\right] \right\} \cdot e^{-ak} + \frac{1}{a}\left[\sum_{i=2}^{4} b_i x_i^{(1)}(k+1)\right]$$

$$= [0.706 + 1.3461 x_2^{(1)}(k+1) - 2.3674 x_3^{(1)}(k+1) + 1.374 x_4^{(1)}(k+1)] \cdot e^{-1.923k}$$

$$- 1.3461 x_2^{(1)}(k+1) + 2.3674 x_3^{(1)}(k+1) - 1.374 x_4^{(1)}(k+1)$$

由此得到

$$\hat{x}_1^{(1)}(2) = 1.3601, \hat{x}_1^{(1)}(3) = 2.2385, \hat{x}_1^{(1)}(4) = 3.1073, \hat{x}_1^{(1)}(5) = 4.0012$$

作 1 阶累减运算还原

$$\hat{x}_1^{(0)}(k) = \hat{x}_1^{(1)}(k) - \hat{x}_1^{(1)}(k-1)$$

$$\hat{X}_1^{(0)} = \{\hat{x}_1^{(0)}(1), \hat{x}_1^{(0)}(2), \hat{x}_1^{(0)}(3), \hat{x}_1^{(0)}(4), \hat{x}_1^{(0)}(5)\}$$

$$= \{0.706, 0.6541, 0.8785, 0.8688, 0.8939\}$$

由上述估计模型可以看出,由于 $b_3 > b_2$ 和 $b_3 > b_4$,所以相关因素二"信号功率信干比"对某卫星通信传输正确率的影响要大于相关因素一"干扰信号频段占通信频段的百分比"和相关因素三"人员操作熟练程度"的影响,这与实际装备试验工程结果是一致的;由于 $b_2 \approx b_4$,所以相关因素一和相关因素三对某卫星通信传输正确率的影响程度类似。

另外,对上述估计模型进行灵敏度分析,可以进一步验证三个相关因素对某卫星通信传输正确率的影响程度大小。固定其中两个相关因素,一个相关因素变化 10% 来考察某卫星通信传输正确率的变化程度,GM(1,4)模型的灵敏度分析,如图 4-38 所示。图中代表相关因素二的曲线斜率明显大于其他两根曲线的斜率,可见相关因素二对某卫星通信传输正确率的影响最大。

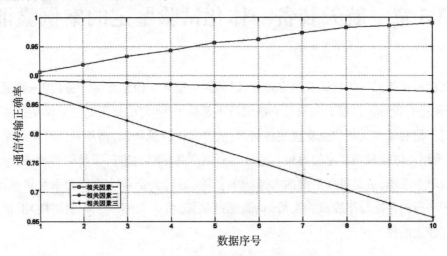

图 4-38　通信传输正确率的影响因素分析

第5章 航天装备一体化试验鉴定的案例验证

案例验证按照一体化试验鉴定思想,以研制一型天基信息支援装备(如一颗通信卫星)为例进行设计。该型天基信息支援装备不是单个平台,而是天基信息网络的一个节点。对于研制某型天基信息支援装备而言,从方案设计到研制,再到最终产品的全过程中,均采用一体化试验鉴定的思想。通过对研制产品尽早地进行了早期作战效能评估,不仅对单个系统,更是对多系统的大系统的性能,进行大量需求验证和系统集成测试,开展了平行的性能与作战试验人员培训,通过估算,将大大缩减了研制周期,卫星总体性能有较大的提升。

5.1 卫星系统一体化试验鉴定的组织管理

对该型天基信息装备一体化试验鉴定评估组织方面的主要构想做法包括:一是组建一体化试验鉴定组,早期规划一体化试验鉴定策略和制订一体化试验鉴定大纲;二是借助多种仿真实验室、系统集成试验室等为某型号通信卫星项目发展的每个集成阶段提供一体化试验鉴定环境;三是联合开展性能试验鉴定和作战试验鉴定;四是借助虚拟试验场和联合集成环境试验平台开展基于某型号通信卫星多系统分布式试验演习。

(1)组建一体化试验鉴定组织

为了全面规划和开展该型天基信息装备的一体化试验鉴定工作,运用一体化试验鉴定流程内容体系设计相关思想和方法,设计通信卫星一体化试验鉴定评估实施流程,在航天装备部门提出研制计划后,在该型天基信息装备的方案设计阶段,由相关部门组织参研各方成立计划管理办公室,统筹整个型号的研制计划。成立一体化试验鉴定项目组,小组成员主要包括:作战试验部门、性能试验部门、试验保障机构、作战使用用户以及将通过试验保障、试验实施而介入试验鉴定工作的其他组织机构。一体化试验鉴定项目组负责制定和管理该型天基信息装备一体化试验鉴定策略以及一体化试验鉴定主计划,这在该型天基信息装备的试验和部署中发挥重要作用,该型天基信息装备的一体化试验鉴定的组织管理体系如图 5-1 所示。一体化试验鉴定大纲、系统建模与仿真工具、系统集成实验室和专用部队是完成该型天基信息装备一体化试验鉴定的四大支柱(如图 5-2 所示)。该型天基信息装备的一体化试验鉴定大纲示意图如图 5-3 所示,一个真正的一体化试验鉴定大纲应确保研制商、项目管理方和军方试验鉴定人员的工作同步进行。

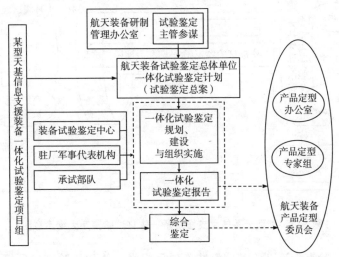

图 5-1 某型天基信息支援装备一体化试验鉴定的组织管理体系构想

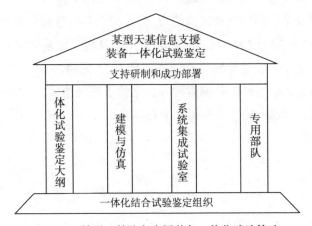

图 5-2 某型天基信息支援装备一体化试验策略

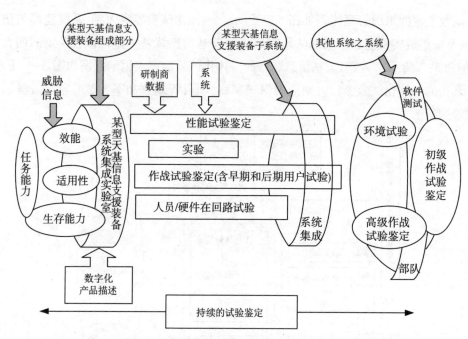

图 5-3　某型天基信息支援装备一体化试验鉴定大纲示意图

　　系统集成试验室为该型天基信息装备项目提供一体化试验鉴定环境。多系统的大系统集成试验室(又可以称为体系集成试验室,SoSIL)将集成试验室的各个系统节点连接成一体,形成覆盖全国的网络和试验能力,为该型天基信息装备设计研制过程中的每个集成阶段提供对多系统的大系统进行试验鉴定的环境。体系集成试验室的总体结构如图 5-4 所示,其整个实验室是建立在网络基础上的,它将多系统的大系统虚拟架构、平台仿真、用户仿真、试验操作、数据管理等独立的子系统连接成一个试验网,并通过主干网与其他地区的试验场、研制商和研究中心连接。

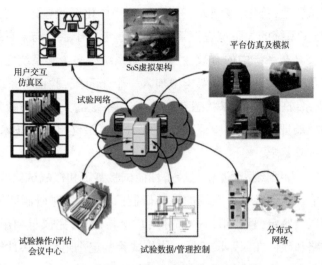

图 5-4　体系集成试验室总体结构

多系统的大系统虚拟架构(SVF)(图 5-5)作为该型天基信息装备一体化试验鉴定的主体结构,是体系集成试验室最重要的试验工具。它是一套基于计算机系统的工具,是体系集成试验室的核心。它将多系统的大系统融合到逼真的、复杂的战场空间中,针对成熟的、可以装备部队的多系统的大系统,提供点对点的、实时的、最小单位级的试验能力,同时,对多系统的大系统建模与仿真进行鉴定,并检验多系统的大系统的专门需求,还对该型天基信息装备与系统外的其他系统之间的有效协作性进行验证。

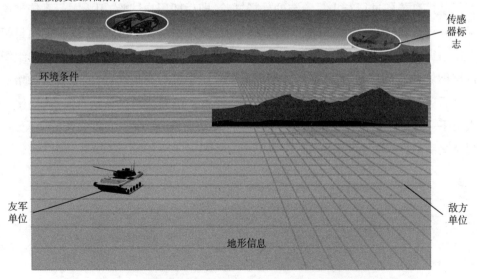

图 5-5　SVF 架构提供了试验单位与环境之间的交互关系

在体系集成试验室,首先,该型天基信息装备一体化试验鉴定系统的各组成部分,即各个子系统,与多系统的大系统虚拟架构的集成,考察子系统与多系统的大系统虚拟架构之间的接口及其在系统中的有效性;其次,对系统中多个子系统之间的集成进行验证。每次只向多系统的大系统虚拟架构中加入一个子系统,验证子系统之间的接口及功能,并逐步建立系统整体的技术状态。最后,在多系统的大系统虚拟架构中加入威胁和环境因素,重复"验证—修改—验证"这一回归过程,最终将系统技术状态确定下来,准备迎接正式的试验鉴定。

(2)组合或并行开展该型天基信息装备性能试验鉴定和作战试验鉴定

在该型天基信息装备各个子系统的设计研制阶段,需要对研制商提供的数据和系统硬件进行性能试验鉴定,且要组织一部分用户参与进来,完成早期用户试验。此外,还要进行人在回路和硬件在回路试验。一体化试验鉴定小组将利用性能试验和作战试验的数据为项目负责和采办机构形成正式的鉴定报告。在这个阶段,高性能计算机和系统建模与仿真是各个环节不可或缺的重要手段。其基本流程是一个"建模—仿真试验—再建模"的过程,经历螺旋式的发展,最终使硬件设计满足预期要求。实践证明,这种方案可显著降低研制费用与时间。整个系统是从虚拟模型阶段逐步向实际的初级作战试验鉴定过渡,建模的对象是某型号通信卫星涉及的所有系统,包括全部子系统、跨军兵种作战使用的联合系统的相关系统、过渡型系统和使用环境等。

(3)开展基于平行系统理论的人员培训

在进行人在回路或硬件在回路阶段,该型天基信息装备一体化试验鉴定小组将对该型天基信息装备进行有士兵参与的外场试验,即后期用户试验,引入平行系统理论进行平行外场培训,培训过程如图5-6所示。在此框架中,将由一体化试验鉴定项目组统筹安排培训组织人员,从使用对象(部队)中选择业务人员进行培训,安排专业的组织者生成培训场景,组织业务人员在搭建好的人工系统中进行模拟培训、业务交流和培训考核。之后通过计算实验设计和平行执行机制,将人工培训结果反馈给真实系统,便于研制人员下一步的装备设计方案调整,这样实时互动反馈,有利于提高装备的适配性,减少列装之后的操作失误率。

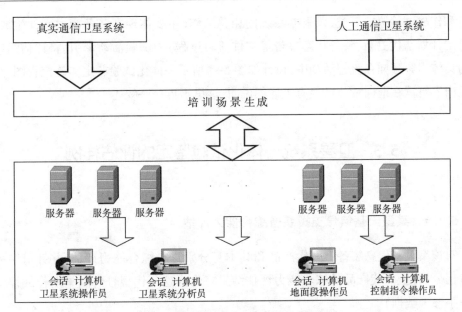

图5-6　基于平行系统理论的人员培训

（4）开展基于该型天基信息装备的大系统分布式试验

在完成该型天基信息装备子系统的全部试验鉴定过程后,还要对该装备进行环境试验,检验其在设计、研制及材料选用方面的环境适应性。这一阶段还必须完成初级作战试验鉴定,以检验该装备是否具备了初始作战能力。同时,要结合现有的多系统的大系统,试验该装备与其他通信系统、各军兵种作战应用系统之间的有效协作性。上述工作的核心是虚拟试验场,即通过一系列硬件和软件对子系统建模并仿真,如同它们在真实的战场上。一体化试验鉴定小组联合各参试单位要对多系统的大系统进行建模与仿真,用实体、虚拟和结构设备与计算机网络实时地将单个试验场连接起来,构成一种以网络为中心的分布式试验环境,即合成环境一体化试验鉴定台。合成环境一体化试验鉴定台将与该装备的发射、测控及各军兵种作战应用系统相关的试验场、训练中心、使用部队等连接到一个分布式仿真结构中。

5.2　卫星系统一体化试验鉴定的实施流程

在确定该装备的一体化试验鉴定评估管理体系、一体化试验鉴定环境组建下,将该型天基信息装备的全寿命周期划分为里程碑式阶段性活动。该阶段性活动包括里程碑A、B、C以及使用与保障四个阶段,具体的试验鉴定活动分为性能试验鉴定、一体化试验鉴定和作战试验鉴定三类,以采办系统的相关工作(主要体现在装备能力文件生成、试验鉴定计划迭代更新、装备状态报告等文件流转过程)为试验活动牵引,将评估组织方式的具体内容穿插在流程活动中,设计如图 5-7 所示一体化试验鉴定实施流程图,具体流程内容解读在前面章节已经有了详细说明,这里不再一一叙述。

5.3 卫星系统一体化试验鉴定的评估样例

5.3.1 某型天基信息支援装备综合能力评估

对该型天基信息装备上一代产品和其本身分别进行综合能力评估,并针对结果进行对比分析(上一代产品的综合能力评估结果将作为这一代型号研制早期作战评估的第一手参考数据)。

假设每个次分项和每个分项满分均为 100 分,综合能力总成绩满分也为 100 分,根据四级制评价标准。运用加法加权平均综合模型,计算得出综合能力得分和各分项得分。另外,根据该型天基信息装备研制设计要求,并参考权重值的计算结果,在"分项"中设置重点指标项,即重点考察指标。

计算出一级指标权重 W_{A_i}、二级指标权重 W_{B_i} 和三级指标权重 W_{C_i},如下:

$$W_{A_1} = (W_{B_1}, W_{B_2}, W_{B_3}) = (0.4934, 0.3108, 0.1958)$$

$$W_{B_1} = (W_{B_4}, W_{B_5}) = (0.6667, 0.3333)$$

$$W_{B_2} = (W_{B_6}, W_{B_7}) = (0.6667, 0.3333)$$

$$W_{B_3} = (W_{B_8}, W_{B_9}) = (0.6667, 0.3333)$$

$$W_{B_4} = (W_{C_1}, W_{C_2}, W_{C_3}) = (0.3874, 0.1692, 0.4434)$$

$$W_{B_5} = (W_{C_4}, W_{C_5}) = (0.6667, 0.3333)$$

$$W_{B_6} = (W_{C_6}, W_{C_7}, W_{C_8}) = (0.4, 0.4, 0.2)$$

$$W_{B_7} = (W_{C_9}, W_{C_{10}}, W_{C_{11}}) = (0.5396, 0.2970, 0.1634)$$

$$W_{B_9} = (W_{C_{13}}, W_{C_{14}}, W_{C_{15}}) = (0.5396, 0.2970, 0.1634)$$

5.3.2 评估结果

以建立的评估模型为例,结合评估方案得到评估得分,结合指标权重值,得出评估成绩,划分评估等级,上一代型号装备的评估结果分别见表 5-1。

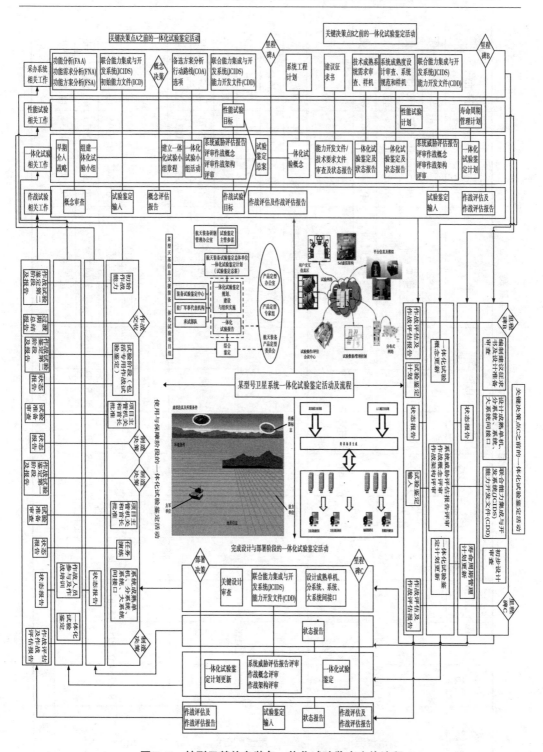

图 5-7 某型天基信息装备一体化试验鉴定实施流程

表 5-1 天基信息支援装备综合能力评估结果表

一级指标	评估得分	权重值	评估值	等级划分	二级指标	综合得分	权重值	评估值	等级划分	三级指标	评估得分	权重值	评估值	等级划分
作战效能	96.1028	0.4934	46.5436	优	主战能力	94.6094	0.667	63.1046	优	覆盖范围	97.58	0.3874	37.8024	优
										系统容量	96.64	0.1692	16.3514	优
										通信质量	91.24	0.4434	40.4558	优
					任务响应能力	93.6933	0.333	31.2279	优	应急响应时间	90.5405	0.6667	60.3633	优
										服务切换/卫星切换时间	100	0.3333	33.33	优
部队适应性	83.8889	0.3108	26.0726	良	可靠性与维修性	87.74	0.667	58.7858	良	平均故障间隔时间	86	0.4	34.4	良
										平均故障修复时间	90	0.4	36	优
										维修设施设备完备性	86.7	0.2	17.34	良
					人机结合性	76.07	0.333	25.1031	良	测控系统	62.64	0.5396	10.23	中
										业务网关系统	81.09	0.2970	43.75	良
										运控系统	74.397	0.1634	22.09	中
在役适应性	79.8754	0.1958	15.5221	良	装备适编性	81.48	0.5	40.74	良					
					装备适配性	77.0708	0.5	38.5354	中	测控系统	65.34	0.5396	19.4059	中
										业务网关系统	79.325	0.2970	42.8037	良
										运控系统	90.95	0.1634	14.8612	优
评定结果													88.1383	良

5.3.3 评估结论分析

从表5-1评估结果可以得出如下结论:某型天基信息装备的上一代产品装备综合能力评定为良,说明上一代产品的综合能力基本达到设计要求,但在某些方面仍存在进步的空间,如除了作战效能指标为优,部队适应性和在役适应性均是良,且在人机结合性和装备适配性均存在评估为中的指标,说明这些指标还存在很大的进步空间,这些综合性因素就导致上一代产品的综合能力评定为良。

因此,在该型天基信息装备研制的装备论证和方案设计阶段,要综合考量上一代产品的各种具体数据,针对上一代产品不足的地方应进行缺陷需求分析,对重要指标进行技术分析,对综合能力进行目标分析,优化一体化试验鉴定的设计方案和流程,为新一代项目的试验和评估提供第一手数据参考。

(1)缺陷需求分析

根据表5-1上一代产品的综合能力评估结果,从中和良两个方面进行分析。

首先分析结果为中的指标:测控系统的人机结合性和装备适配性均为中,得分分别是62.24和65.34,评分也为最低和次最低,装备适配性这一指标综合评分为中,这一项的得分对综合能力的整体得分影响还是很大的。通过对专家打分的意见回访,大部分的专家指出应加强操作员平时的业务水平和提高操作系统智能化,可见现阶段装备研制主战性能虽然过关,但是在试验鉴定过程中业务骨干并不一定紧密交流,另外在作战试验鉴定阶段操作员的培训做得还不够到位,这些综合性的因素导致装备的适配性没有那么尽如人意,究其原因:一是没有统一的机构去筹划多方合作这件事;二是装备整体的研制效率没有那么高,在限定的研制周期内不一定有足够的时间去开展培训。

其次分析指标为良的情况:可以看到部队适应性整体为良,其分项也均为良,但都是刚刚达到"良好"这一级别,从调查问卷中可以看到专家意见一致性认为对于装备、系统的后期维修使用定点厂家,维修周期过长,虽并未出现中断地面网中断的故障,但是各种小问题还是频频出现,航天装备各个系统、部件都属于比较精密的组成,稍有问题就需要返厂,究其原因:一是试验阶段对后期保障的资源规划不够合理;二是在一定程度上部队(使用方)与承包商的结合不够紧密。由此,这两项指标的问题原因主要还是集中在顶层设计阶段,解决方法集中在一体化试验鉴定计划的制订和一体化试验项目组的成立。

(2)关键问题分析

从指标权重中可以看出,作战效能这一指标权重将近0.5,占比较大,综合评分较高,说明上一代产品的主战能力基本达到装备设计目的,但是现代作战对通信支援技术的要求越来越高,在下一代天基信息支援装备研制中可以在影响较大的因素上继续攻破技术壁垒,进一步提升通信传输质量。想要完成技术升级,要考虑现代以及未来作战特点,未来作战都在向体系作战靠拢,考验的将是各个大系统的多系统不同类别装备之间的协同作战能力,这就要求在新一代型号卫星研制试验时加大在接近作战环境情况下的集成试验的完善度和难度,创建作战要素完备的集成试验环境,验证各子系统、多系统、大系统之间的协作能力。

（3）目标分析

对研制的天基信息支援装备上一代产品和其本身的综合能力进行评估结果对比,发现经过一体化试验鉴定模式的计划实施,经过需求分析和关键问题分析,其中 C_3、C_{10}、C_{12} 和 C_{13} 指标性能均有所提升,分别提升了约 9%、15%、8% 和 13%,其他指标总体不变,其总体性能提高大概 2%,研制周期根据美国数据调研也相对缩短大约 6 周,按照平均权重方法和加权平均模型的应用,该装备性能的提升对整个航天装备体系的提高不足百分之一,但是对于整个体系的整体效能提升哪怕是百分零点几也是巨大进步。

第6章 航天装备一体化试验鉴定的发展展望

航天装备试验鉴定技术的进步是决定航天产业发展的关键。当前,科技技术的迅猛发展,各种新的军事思想和作战概念不断涌现,航天装备实战化联合试验是推动新质作战能力生成的必备因素。随着空地一体化、海空一体化等以网络为中心的作战系统的出现,对航天装备一体化试验鉴定的发展提出了新的要求。推进试验鉴定技术与信息化技术的融合发展,满足多型号并行和数字化协同作战需求迫在眉睫。

6.1 体系化实战化的试验鉴定理念

"体系化"是随着信息时代的产生和发展而日益成熟定型的标志性概念,通常意味着由部分组成整体,即将原来相互分离的单位转变成为一个紧密关联的复合体。"实战化"是在武器装备作战试验驱动下提出的概念。所谓"体系化实战化",是对新时代下试验鉴定体系的发展阐释。

6.1.1 航天装备体系化实战化试验鉴定的内涵

体系化实战化试验鉴定是在近似实战的环境和条件下进行的一体化试验鉴定,就是按实战要求进行试验鉴定。武器装备只有经常在贴近实战环境中使用,才知道到底好用不好用、管用不管用。武器装备不用就是一堆废钢铁,不经常实战化运用就是个花架子。体系化实战化试验在联合作战的背景下,以多军兵种多领域、成建制成体系的装备体系为试验评估对象开展试验活动。体系化实战化试验鉴定将试验要素、试验单元、试验系统和试验力量有机融合,实现对武器装备性能和装备体系效能的全面考核。完整的体系化实战化考核,至少包括六个基本要素:一是复杂的战场环境;二是设置对手及其战法;三是与对手实装目标特性相一致的模拟装备;四是符合一体化联合作战要求的作战想定;五是完善的作战效能实时数据采集手段;六是一套科学的试验方法和评价标准。由此可见,实战化已由以前的一个笼统概念变为具体的要求。

未来联合作战是信息化条件下作战体系间的对抗，具有参战力量多元化、战争空间多维、作战行动多样、指挥协同复杂等特点。传统定型试验主要考核单一武器平台战术技术指标，无法反映信息化武器系统的整体性能，更无法检验装备在联合作战体系对抗背景下的作战效能。航天装备开展体系化实战化，是满足未来战争需要的必然要求，也将成为航天装备试验鉴定的主要模式。

当前，航天装备实战化运用理念日趋深入，对航天装备综合能力建设提出了更高的要求。这就要求航天装备在靶场条件、组织实施、管理保障、技术手段等方面坚持要实战化理念，实现航天领域试验鉴定跨越式发展。

6.1.2　航天装备体系化实战化试验鉴定的意义

航天装备必须在实战化环境中进行试验，才能充分考核其效能、检验其在体系中发挥的作用；航天作战力量只有在实战化环境中进行训练，才能提升作战能力、形成高智优势，成为能打胜仗的新型作战力量。因此，有必要开展航天装备实战化试验鉴定训练环境构建问题研究，以此来推进航天作战力量体系建设。

航天技术发展日新月异，航天装备也要与时俱进、不断创新。一方面，先进技术的引入会从研发层面促进航天装备的发展，但能否适用于航天作战的需求还有赖于实战化试验鉴定的检验。另一方面，航天装备全寿命周期内的性能试验、作战试验和在役考核三类装备试验，在贴近实战环境下开展，可从试验结果的反馈中、从暴露的问题中不断推动航天装备功效提升和创新发展。

6.1.3　航天装备体系化实战化试验鉴定的要求

现代条件下作战已经由传统的平台对抗向体系对抗转变，装备的建设发展也从平台建设模式向着眼全寿命周期的体系建设模式转变，必须将装备融入作战体系中，这也对航天装备体系化实战化的运用提出了更高的要求。一方面航天装备体系化作战能力要在更大范围、更多兵种所构成的作战体系支撑下形成；另一方面在体系作战中，航天装备体现在发挥自身侦察感知、指控通信等功能优势，为装备体系提供作战服务，在体系贡献中凸显自身价值。

"像作战一样试验"是航天装备体系化实战化试验鉴定的根本原则和要求。在试验模式方面，完成由单型装备试验场向装备体系综合试验场的转变；在环境设置方面，完成由单一理想化环境向复杂多元化环境的转变、由试验保障型环境到作战对抗型环境的转变；在试验内容方面，完成从关注航天装备技术性能向关注航天装备作战效能和作战适用性转变；在靶场建设方面，要瞄准航天靶场未来发展方向，借鉴航天强国靶场发展经验,以联合型靶场、一体化靶场、体系靶场、功能型靶场为长远目标,力促靶场内部资源融合和靶场之间的互联互通,形成与航天装备实战化试验需求相适应的靶场模式,以切实提高航天装备的实战化水平为目标,将作战试验的思想逐步贯穿到现有试验中来,实现技术性能试验与作战效能试验一体化进行,实现技术性能与作战性能的一体化考核。

(1)体系化实战化试验鉴定任务筹划设计要求

① 体系化实战化试验鉴定想定设计要求。

为了"快、好、省"地推动航天装备体系化实战化试验鉴定,更好地验证航天装备体系的综合底数,提升航天装备体系效能,体系化实战化试验鉴定想定除满足一般作战试验鉴定想定设计基本要求外,还应遵循以下要求。

一是参试装备体系设计涵盖全要素。体系化实战化试验鉴定重在检验装备体系作战效能、作战适用性和体系适用性,需要构建要素齐全、功能完备、性能匹配的参试装备体系。

二是试验背景设计贴近体系对抗。信息化条件下的体系化实战化试验鉴定强调体系与体系之间的系统对抗。体系化实战化试验鉴定评估结论是否客观、正确、可信,不仅取决于试验活动本身,更重要的还取决于试验环境条件是否逼近实战化的体系对抗。体系化实战化试验鉴定想定设计,必须构设于体系化作战环境相适应的实战环境,包括天候、地理、气象水文以及复杂电磁环境、火力打击环境、作战对手环境等。

三是体系化实战化鉴定想定设计要与体系化作战任务、样式、特点相适应,结合航天装备体系使命任务、功能特点和评估需要,合理构设试验行动,根据试验需求、资源配置等情况,实现在多维一体的试验空间内诸军种力量、装备体系、作战行动的整体联动、一体实施。

② 体系化实战化试验鉴定流程设计要求。

体系化实战化试验鉴定流程设计,是试验实施的根本遵循,需要满足以下要求。

一是科学性。根据体系化实战化试验鉴定被试系统的作战运用特点,确定科学合理的试验流程、试验内容和试验项目。在设计思路上,要科学体现体系化作战的基本流程、基本规律以及装备体系运用的基本方式。

二是全面性。在体系化实战化试验鉴定流程设计上,要涵盖体系化作战的各个阶段、各个环节,要体现出诸军兵种装备体系运用及网络化指挥关系。

三是针对性。体系化实战化试验鉴定涉及多军兵种多领域的成建制、成体系的被试装备,在流程设计的内容上,应当重点针对航天装备体系作战效能与部队适用性的试验设计。

四是可操作性。试验流程设计，要符合航天装备试验鉴定活动的操作性要求，利于组织，易于实施。

③ 体系化实战化试验鉴定实施准备阶段要求。

体系化试验鉴定实施准备阶段是从试验大纲获得批准，到具备试验实施条件可以开始试验为止。

首先在试验鉴定管理部门指导下，成立试验鉴定组织指挥机构。试验鉴定组织指挥机构分为组织计划组、指导协调组、评估保障组、导演推理组。组织计划组主要负责拟制呈报试验总体方案计划、专项评估方案，负责协调试验设备调动，组织安全风险评估，指导演练导调工作。指导协调组主要负责上对下协调对接，指导部队演练行动，督导安全工作，协调组织有关保障。评估保障组主要负责协助配合组织试验评估、数据采集、研拟试验评估情况总结报告。导演调理组主要负责设计演练行动，拟制行动企图立案、导调实施方案和导调文书及弹药使用计划，组织演练导调。

其次，确定参试人员，并进行参试人员培训，培训内容主要包括被试件、试验装备设备、仪器仪表的操作使用，数据采集、处理方法与填报注意事项，试验计划安排等。

最后，完成场地、装备和系统的准备，编制数据采集表。

④ 体系化实战化试验鉴定组织实施阶段要求。

体系化实战化试验鉴定的对象为多军兵种融合的联合装备体系，体系化实战化试验鉴定的组织实施过程是围绕装备作战行动和试验行动并行开展的过程。体系化实战化试验鉴定组织实施阶段的主要工作目标是按照试验总体方案的规定，全面充分地完成体系化实战化试验鉴定的全部内容，从而得出试验基础数据和初步结论，为后续的数据分析与试验总结工作提供基础，其主要内容包括体系集结、试验对抗、数据汇总等。

a. 体系集结。体系集结工作，主要是为了执行一次具体的作战试验项目完成试验正式开始前的一切现场准备工作的过程。体系集结中的"体系"一词，不仅包含作为试验对象的"装备体系"，还包括"人员体系""保障体系""资源体系"等，是一个试验相关条件的大的综合集群的概念。体系集结涉及的主要方面包括：导调机构的集结、试验导演部、试验评估组、环境布设与显示等相关人员进入指定位置和待命状态，系统启动运行稳定；保障体系的集结，所有救护、维修、警戒等保障队伍到达位置待命；测试人员，做好全部数据测试与记录的准备，仪器设备调整到位，进入待命状态。

b. 试验对抗。试验对抗是体系化实战化试验鉴定的核心和主体工作，是指担负试验任务的部队按照试验想定方案，完成关键战术动作并实现完成实战对抗过程的活动。在这个过程中，试验测试人员紧跟被试航天装备，按要求实时跟踪测量和记录数据，完成试验测试工作。

试验对抗工作的关键内容就是过程推演和数据记录。过程推演由试验部队负责,在导演部的统一指挥下,按照想定的要求和真实作战原则完成,期间导演部可能会出具各种临时情况,需要试验部队按照实战要求临机处置,做到逼真呈现作战场面的目标。数据记录由测试人员依托一定的仪器设备完成,部分定性的评估指标可能还需要测试人员依托一定的仪器设备完成,部分定性的评估指标可能还需要测试人员根据自身经验和实际观察结果给出主观评判。当主观评判较多时,一般应配备两名以上的测试人员针对各个定性指标独立给出评判,以保证相对的公平客观。测试数据的来源处理测试人员的主观评判和手工测量,一些嵌入式的仪器设备和仿真系统能够自动生成并记录作战试验需要的一些测试数据,测试人员可以在试验结束后通过一定的设备接口获得这些数据。

c. 数据汇总。数据汇总工作,是指在体系化实战化试验鉴定完成某一阶段性的汇总后而进行的一系列数据汇总、整理、分析、记录、留存、总结、报告等工作,从而能够及时保留试验成果,及时发现存在的问题和不足,及时修正试验工作,确保试验任务圆满完成。

数据汇总工作根据体系化实战化试验鉴定发展的不同阶段具有不同的层次、内容和要求。例如,每完成一次相对独立具体的试验测试任务,如完成想定之下一个剧本或活动的测试,就应该要求所有测试人员提交各自的试验数据记录表单,统一保管和留存;每完成一个试验想定或样本试验,应集中进行一次分析和总结,按照评估指标体系集合已有数据进行分析评估,掌握基本情况,形成××试验项目分析总结报告。

数据汇总工作形成的文档全部是过程性资料,每完成一个试验想定或样本的试验都应该形成一套过程性资料,待全部试验任务结束后,由专门的数据汇总工作来对它们进行进一步的继承和分析。同时,每一份过程资料都是体系化实战化试验鉴定的重要成果和正式文案,应该进行规范化设计,作为制式文案填报和留存。

⑤ 体系化实战化试验鉴定评估阶段要求。

体系化实战化评估时依据试验鉴定实施过程中采集的数据,在进行综合处理分析后,依据评估模型实现对被试航天装备体系综合评价的过程。体系化实战化试验鉴定评估为联合装备体系发展建设提供基本依据。正确分析和评估装备体系发展中的薄弱环节,优化装备体系结构,确定装备体系发展的方向和重点,为装备发展战略、规划计划的制订提供依据。经过体系化实战化试验鉴定建立的评估模型,可以为仿真试验评估重大项目预期效能、技术风险等提供支持,实现建设方案优先,提高管理决策科学化水平。体系化实战化试验鉴定评估为装备体系编配运用提供辅助决策,通过对不同航天装备体系编配方案进行综合评估研究,为作战决策、装备体系编配运用提供支持。

体系化实战化评估,由于参试装备体系庞大,试验数据众多,导致评估不确定性和随机性因素多,要全面客观评估十分困难,难以形成相对确定的程序和方法。因此,需要根据评估目的,确立相对清晰的评估原则。

一是要着眼于航天装备体系化运用特点,为航天装备体系发展和作战运用提供决策依据。通过不同方法评估航天装备在不同作战环境下的实际表现,为装备体系的改进优化、最佳配置、最佳组合和最佳运用等问题提供决策支持。

二是坚持客观性和准确性,体系化实战化试验鉴定评估的结果直接服务于航天装备体系的作战运用、部队训练和航天装备发展决策,这就决定了评估过程必须尽可能地做到客观和准确。评估模型必须尽可能地考虑到各种影响因素,评估的数据必须精确。

三是坚持定性评估与定量评估结合,定量评估以数学和计算机技术为工具,建立各种类型的试验评估模型,实现各类指标的评估计算。定量分析和建立模型的方法包括数学分析、概率论和数理统计、数学规划、网络分析、随机过程理论、排队论、对策论等。定量方法的广泛运用确立了体系化实战化试验鉴定的科学性和可信度基础。然而经验和定性分析的方法在试验评估的过程中仍然发挥着不可或缺的作用,如在效能评估过程中往往需要进行多想定、多指标的综合评估,这类评估往往要应用定性定量相结合的方法,如多属效用分析方法加以解决。因此,定性与定量分析相结合必须作为体系化实战化试验鉴定评估的一项基本原则,这是解决试验评估中实际问题的有效经验。表6-1重点对解析方法、仿真方法、定性评估方法、混合方法进行了整理。

表6-1 体系化实战化试验鉴定常见的评估方法

评估方法	适用性	优缺点	应用关键
专家调查方法	适用于机理不清晰、难以建立数学模型的情形	优点:评估过程、结果易理解; 缺点:主观性强	综合多位专家意见得到整体评估结果
试验统计方法	均适用	优点:可信性强; 缺点:成本高、可行性不强	对试验数据采用数理统计方法进行评价
解析评估方法	需进行指标体系的分析	优点:思路清晰、可操作性强; 缺点:需确定权重等参数	将体系评估问题逐层分解到底层(航天装备战技指标),然后自下而上进行聚合或直接评价
多层次仿真方法	大型装备体系评估	优点:适用于大型装备体系评估; 缺点:仿真建模及最终结果影响因素难确定	通过建立各层次对抗仿真模型,依据仿真结果进行评估

评估方法	适用性	优缺点	应用关键
模糊综合评估方法	指标不多,专家对指标的评价等级认识一致	优点:对定性判断进行量化,计算过程简洁; 缺点:由于分析相对较粗,所以不够精确	评价等级需统一
定性定量结合的 TOPSIS 方法	多套备选方案	优点:适用多选一的情况; 缺点:适用面过窄	极大地降低计算工作量
粗糙集的效能评估方法	研究对象是由一个多值属性集合描述的对象集合,对每个对象及其属性都有一个值作为其描述符号,对象、属性和描述符号是表达决策问题的 3 个基本要素	优点:无须提供问题所需处理的数据集合之外的任何先验信息,对问题的不确定性的描述较为客观; 缺点:该理论没有包含处理不精确或不确定原始数据的机制	通过知识约简,导出概念的分类规则,删除不相关或不重要的属性,只利用数据集上的等价关系对知识的不确定程度进行度量
神经网络评估方法	已建立指标体系且指标间关系较明确	优点:具有自主学习与调整能力的效能评估方法,不会出现局部最优解; 缺点:模型的建立较复杂,训练集的优劣直接影响模型效率	征兆参数(输入)、过程因子、表征参数(输出)的确立,输入输出函数的函数确定
贝叶斯网络方法	适合描述应用领域内的非线性关系和由随机现象引起的不确定性	优点:表达和推理能力较强; 缺点:先验知识获取依赖于专家,可能出现偏差	利用贝叶斯方法综合先验概率和条件概率获得节点的状态概率,模型需保存节点每次更新的结果
ANP 方法	必须考虑层次内部关系及下层对上层元素的反馈影响	优点:解决了指标间关系的复杂性所带来评价的不准确性问题	将系统内多个元素的关系用类似网络结构表示,而不再是简单的递阶层

6.2 战试训一体的试验鉴定模式

信息化条件下,装备体系建设的复杂程度日益增加,迫切需要集中优势技术力量,开展跨军兵种、跨部门联合试验鉴定,提高从整体上科学谋划装备体系发展的能力。联合试验鉴定依托网络化的信息系统,把陆、海、空、天、电等作战单元和情报信息、指挥控制、火力打击、综合保障等作战要素联结起来,构成分散配置而又无缝链接的作战力量体系。

6.2.1 装备联合战试训一体的意义

实战化要求下的军事训练发生了深刻变化,对作战部队而言,实战化训练就是为了作战,打赢战争必须按实战来训练,要使训练和实战达到一体化;对靶场而言,试验就是作战,因此试验任务的针对性训练也必须按实战标准来训练,尤其对实战化试验、作战试验,要有实战化的作战试验,就必须有实战化的训练。

装备试验不再是装备建设的阶段性工作,要前伸后延到装备寿命周期各个阶段。不同阶段的装备试验虽然主要目的和实施主体不同,试验内容和方法模式也有所区别,但存在相互补充、相互影响、互为验证的关系,并且最终指向都是为部队训练、演练、作战提供管用好用的装备。未来装备试验鉴定将实现研制、试验、训练、演练等的无缝对接和紧密结合。

航天装备强调战试训一体。一方面,航天装备作战试验鉴定与在役考核、部队日常训练演练在某种程度上拥有相同的任务资源和分析方法,部队训练演练和执行军事任务,可为航天装备试验提供宝贵的机会和平台。另一方面,航天装备试验鉴定将成为部队的一项经常性装备工作,必须与其他任务统筹考虑、紧密结合。具体讲,就是将航天装备试验鉴定工作融入部队训练、演练和军事任务,充分依托训练演练等任务中的逼真课题背景、逼真战场环境、逼真对抗方式。对航天装备的性能进行全面试验,检验航天装备在联合作战体系中的运用效果。战试训一体往往要求科学统筹训练演练等任务和试验鉴定任务,通过整体设计、统一组织、统一指挥、统一实施,在训练演练中组织装备试验,在航天装备试验中以试验促进训演,以训演带动试验。

6.2.2 信息化条件下装备联合战试训一体的要求

近年来,武器装备日益呈现出信息化、体系化、网络化特征,扁平化、实战化、一体化的试验鉴定组织指挥模式已成必然,随着实战化试验任务逐渐增多,针对大型重点试验、实战化试验以及作战试验,任务针对性训练的信息化、实战化需求更加紧迫,基于信息化条件下的实战化任务针对性训练成为当前需要着力解决的问题。信息化条件下实战化针对性训练必须综合运用多种试验能力训练方法,以实战为牵引,以信息系统为支撑,构建最贴近试验的实战训练环境,加强维护与安全训练,不断完善试验训练内容体系,切实提高参训参试人员能力素质。

（1）训练内容从实战出发,强化维护与安全训练

信息化条件下的针对性训练必须从实战出发,树立实战实训理念,训练内容更加贴近实际,加大维护与安全训练。

（2）训练重点兼顾专业技能与信息融合

传统针对性训练突出人员专业技能训练,然而,在信息化条件下,特别是基于信息系统的试验将成为未来试验的基本样式,要特别注重信息融合训练,要求以基于信息系统的训练为着力点,在训练准备、实施、考评等环节上,遵循由上而下整体设计、由下而上体系集成的规律,将训练内容融合于各个信息系统的环节中,由此生成系统互联、信息互通、行动互动的试验训练能力。例如,针对试验组织管理者和训练组织管理者以及各单位之间沟通交流不顺畅、信息共享不够的问题,可以充分利用一体化信息系统,加强信息共享、沟通协调,将试验各阶段的训练内容添加到信息系统中,训练内容未落实、考核未组织,不得开展下一步的试验。

（3）训练主体以人为本,加强人员实战适应性训练

实战化训练是以实战需求为训练准则,在模拟实战的条件下开展的针对性训练、适应性训练和应用性训练。不能忽略人为因素的影响,特别是心理因素以及人员心理行为的适应性对试验会产生很大影响。科学的实验表明,实战训练中真正可以让受训人员感受到"真实感"的方法并非单纯的模拟现场情况,更重要的是要利用未知性、突然性给予受训者足够的代入感,让受训者有进行真正的实战的感受,从而通过"非实战"实现实战的效果。因此,实战化的针对性训练必须紧紧抓住"意外情况"这一着力点,加强突发情况、特殊情况等意外情况的训练,强化参训人员的应变能力。

在信息化条件下,特别是基于信息系统的试验要特别注重信息融合,要求试验基于信息系统,在试验准备、实施、考评等环节上,遵循由上而下整体设计、由下而上体系集成的规律,将试验内容融合于各个信息系统的环节中,由此生成系统互联、信息互通、行动互动的试验训练能力。例如,针对试验组织管理者以及各单位之间沟通交流不顺畅、信息共享不够的问题,可以充分利用一体化信息系统,加强信息共享、沟通协调,将试验各阶段的训练内容添加到信息系统中。实战化联合作战试验体系重点实现以下4个方

面的能力。

① 实战化联合训练组织管理能力。以联合作战为牵引,从实战化需要出发建立联合训练组织管理能力,实现训练组织管理、环境构建、动态导控、考核评估和数据管理等能力,构建基于训练信息系统的新质能力,支撑一体化联合训练。

② 虚实结合跨域联动的联合训练能力。基于网络化架构,实现统一的技术体制、数据格式和接口标准,将虚实训练融为一体;实现诸军种联合训练系统的互连互通互操作,实现联合训练力量的体系训练能力倍增。

③ 动态适配的网络化联合训练评估能力。构建可动态适配的网络化、多关联的指标体系及评估方法,合理、科学和全面反映体系特征的评估模型,全面采集训练过程数据,挖掘分析海量数据,实现联合训练体系的综合评估。

④ 模块化联合训练体系保障能力。贯彻通用化、系列化和模块化原则,提供理论及技术保障、训练评估技术保障、装备保障及运行与维护保障,建立运行机制以实现对各种联合试验的有效保障,满足体系保障能力需求。

6.2.3　信息条件下航天装备战试训一体的趋势

航天装备可进行全球通信、环境探测、情报监视与侦察,为作战指挥官、各军种和相关机构提供预警服务,使战场信息相对透明,使战场综合信息优势成为战役制胜的关键。天基信息系统以其独特的高位优势,可通过数据链将信息源系统、指挥控制系统和武器系统有机链接在一起,构成功能强大的陆、海、空、天一体化网络,使战场各种作战力量、各种武器装备和各种作战行动有机地联系在一起,形成一个紧密结合、相互协调的整体,构成新一代的作战体系,大幅提高主战武器装备的作战效能,对陆、海、空、天信系统集成和提升多兵种协同作战能力发挥重要作用,将成为重要的力量倍增器。航天装备作战运用方式重点体现以下三个方面。

①航天装备可进行全球通信、环境探测、情报监视与侦察,为作战指挥官、各军种和相关机构提供预警服务,使战场信息相对透明,使战场综合信息优势成为战役制胜的关键。

②航天装备进行精确导航、定位与授时,卫星导航系统可在复杂的战场环境中,为单兵和武器平台精确定位,为作战提供统一的军用标准时间和地理坐标系。

③航天装备以其独特的高位优势,可通过数据链将信息源系统、指挥控制系统和武器系统有机链接在一起,构成功能强大的陆、海、空、天一体化网络,使战场各种作战力量、各种武器装备和各种作战行动有机地联系在一起,形成一个紧密结合、相互协调的整体,构成新一代的作战体系,大幅提高主战武器装备的作战效能,对陆、海、空、天信息

系统集成和提升多兵种协同作战能力发挥重要作用,将成为重要的力量倍增器。

　　未来太空作战必然是信息化条件下作战体系间的对抗,因此必须要运用科学的方法和流程来检验航天装备的联合作战能力。信息化条件下航天装备战试训一体的发展趋势体现在以下三方面。

　　(1)向多靶场联合支撑方向转变

　　信息化条件下航天装备战试训一体化,利用靶场试验资源,积极构建逼真的战场环境,完成由研制试验向作战试验的转变,向"试、训、研、评"一体化的试验训练靶场转型。靶场不可能由任何单一的试验设施或在单一试验环境中完成,在实现单个站点试验资源的虚实结合建设的基础上,提升多靶场互联互通能力是未来航天装备战试训一体化的新趋势。通过网络连接,解决不同地域多个靶场之间地域隔离问题,实现资源共享,增强靶场整体功能,从而使广域分布的靶场测控设备、测试条件、仿真系统等实现互联互通,以充分拓展单一靶场所不具备的能力。

　　多靶场联合支撑能力建设以体系靶场、功能型靶场为长远目标,应用先进分布式仿真技术,将呈分散式建设和试验任务各不相同的装备试验靶场,以及工业部门的试验资源连接起来,实现不同类型、不同地理位置的多靶场互联互通。多靶场互联互通是构建未来多靶场联合试验环境的基础,力促靶场内部资源融合和靶场之间的互联互通,形成与信息化条件下航天装备战试训一体化需求相适应的靶场模式,切实提高航天装备的实战化水平。

　　(2)向实装试验与仿真试验紧密结合方向发展

　　信息化条件下航天装备一体化联合作战需要考核的指标更加全面,精度和可靠性要求愈来愈高,加之作战环境日益复杂,试验难度大幅上升。某些复杂试验的环境往往难以构设,无法在边界条件、极限条件等复杂环境进行有效考核。而实装试验与仿真试验结合的方式已成为解决上述问题的主要手段。通过模拟仿真,构造符合被试装备系统所要求的、虚实结合的联合作战目标和联合作战环境,形成对抗双方实施对抗的动态过程。实装试验与仿真试验结合,能够实现单一实装试验无法进行的试验内容或无法达到的试验目标,减少对实物现场试验的依赖,弥补实战化试验欠缺的客观缺陷,提高试验结果的可信度。

　　能力试验法(Capability Test Methodology,CTM)是实装试验与仿真试验结合的重要体现,能力试验法要求试验主体对系统能力的评估要超越被试验系统本身,即不再测试系统自身性能,而是基于体系要求,测试系统对体系化装备战斗力的贡献率。能力试验法通过信息网络和建模仿真技术可将各种地理上分散的试验设施和资源链接起来,其核心是在所构建的真实、虚拟、构造分布式环境(Live、Virtual、Constructive Distributed Environment,LVC-DE),为包括装备体系能力试验在内的各类试验活动以及装备演练、训练提供高效集约的解决方案。CTM 主要包含六个并行、交互的步骤(图 6-1),即 CTM1 ~CTM6,具体内容如下。

① CTM1——策划试验与评估策略。依据联合作战需求对被测武器装备系统或体系进行试验方案研究,制订试验策略和指标评价体系。

② CTM2——描述试验特征。确定试验目的和试验方法,对前一步的试验与评估策略进行分析,并对试验的指标体系进行可行性研究,在此基础上给出 LVC-DE 构建方案。

③ CTM3——制订试验计划。详细分析试验与评估策略、LVC-DE 仿真参数配置、试验运行、数据采集策略及分析等对试验结果的影响,制订详细的试验计划。

④ CTM4——构建 LVC-DE。对 LVC-DE 进行逻辑设计与编程,再进行仿真平台的校验与调试。LVC-DE 既有实际装备,也有半实物仿真模型和数字仿真模型。

⑤ CTM5——管理执行试验。根据试验计划有效地控制和管理 LVC-DE 中的事件。在试验中,事件(Event)是指在局部或全局的试验仿真中为获得待测系统或整个武器装备体系的试验数据而进行的响应或触发。

⑥ CTM6——评估试验能力。根据制订的评估指标对试验数据进行分析和总结。

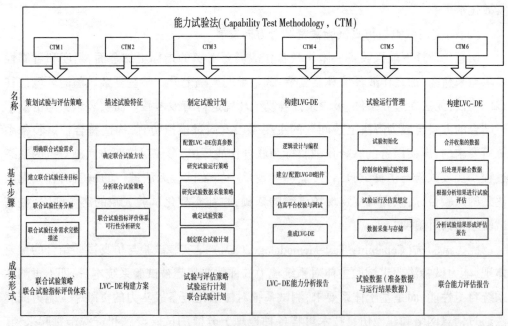

图 6-1　能力试验法工作流程图

(3)向数据为导向转变——基因组试验框架

基于装备基因组的作战试验方法就是充分利用高性能计算技术、复杂巨系统技术和大数据挖掘技术,建立基于装备基因组的系统模型、战场环境模型、作战对抗模型和被试系统模型,在装备全寿命周期的不同阶段,通过系统仿真真实再现被试装备作战过程,并产生仿真试验数据。利用该仿真数据对装备基因组模型进行完善修改,同时运用评估算法,以装备基因组模型数据为核心,综合实装试验数据、系统仿真数据,对装备全寿命周期各个阶段的被试系统作战试验进行分析评估。

在对被试系统进行仿真试验的同时,还需要将靶场实装试验、部队演习训练获得的数据,源源不断地输入作战试验仿真系统,实现对装备的全过程连续仿真。借此完成对装备基因组模型、战场环境模型、作战对抗模型的完善、确认和验证,并建立装备基因组的功能结构、组合关系等决定装备技术性能和作战效能的装备基因组图谱,以及装备基因组图谱与装备编配、作战条令、作战概念、装备训练与装备保障等模型的关联规则,最终构建实时共享的装备基因组数据库和模型库,为装备试验、部队训练、作战研究提供性能数据,从而在机理层面解决作战试验所面临的困惑和问题。

基于装备基因组作战试验方法的核心理念就是归纳、设定装备基因组的特性、结构和功能,建立有关装备基因组的一整套信息数据库,并逐步掌握航天装备所具有的全部"遗传信息"。装备的"生命化"过程,将需要海量信息和巨大数据作为支撑,同时还需要借助大型计算系统,才能实现这一复杂过程。基于装备基因组作战试验方法需要环境模型、作战对抗模型、装备编配模型、作战条令模型、作战概念模型、装备训练模型以及装备保障模型等,为确保模型的准确性,需要实时利用实装试验数据、部队演习训练数据,在仿真系统上对模型进行确认、验证,这是一个不断反复迭代积累的过程,需要大量的具有时效性、完备性的数据和信息,同时不断地反复迭代也会产生大量的模型数据和信息。基于装备基因组作战试验方法贯穿于装备全寿命周期,每一阶段都会产生大量结构化、半结构化和非结构化的实装试验数据、仿真试验数据,这些数据不仅用于对装备基因模型、环境模型、作战模型等的修正、完善,更主要的是用于对装备作战效能、作战适用性、体系贡献率的评估。不同阶段、不同领域的试验人员,可以充分利用装备基因组数据库的海量信息,开展各自领域的研究工作,同时还能让研究人员将自己的数据导入模型、整合数据。

6.3 基于 LVC 资源集成的试验鉴定方法

为了打通不同军兵种,不同层次,不同手段,不同用途,不同地域仿真资源、数据资源、软件资源之间的隔阂,充分发挥各试验鉴定系统技术保障和专业优势,全面整合分散在各地的试验基地、实验室、武器装备试验靶场等基础设施资源,急需构建一个基于LVC(live, virtual, and constructive,实况—虚拟—构造)的试验鉴定支撑平台,在指挥控制、技术协调、资源保障等方面密切配合,将外场实装与内场数字仿真、半实物仿真等异地异构试验资源互联互通互操作,快速构建满足试验任务需求的试验环境,为用户提供一种分布式的LVC联合试验能力,支撑航天装备在联合作战环境下试验实施。

仿真试验是应用仿真系统模拟被仿真对象的工作过程,检验预期结果达到的程度,以支持训练、分析等目的的科学实践活动。实装试验是指在真实的环境条件下,对被试航天装备进行飞行试验,实装飞行试验具有与实战接近、试验结果真实可靠等优点,但实装飞行试验往往存在以下不足之处:受客观条件制约,考核不充分;试验样本量受限,试验结果置信度不高;易受实际环境条件和其他人为因素影响而造成无效;试验可控性差,容易发生各类事故;试验具有不可重复性,装备试验故障难以复现等特点。与实装试验的不足相对应,仿真试验具有以下特点:无破坏性、可多次重复,容易获得足够的试验样本量,且产品故障易于复现;不受环境、气象条件和场地的限制,试验可随时进行;试验周期短,成本相对低。

实装试验与仿真试验的结合,将实装、实装的计算机数字模型或实装的物理效应设备,纳入真实的或虚拟的作战试验环境,检验实装的作战效能和适用性,实装试验与仿真试验结合的方法兼具实装、虚拟仿真作战试验方法的特点优势,改进了虚拟仿真作战方法建模困难、体系性不强等不足,具有体系性强、拓展性好、实时性高等特点。

6.3.1 LVC互操作的分布式联合仿真试验鉴定方法的内涵

随着基于信息系统的体系作战能力建设进程不断加快,对开展武器装备体系作战能力试验的需求日益突出,对多军兵种联合武器装备体系作战能力检验评估的需求不断增强。面对新形势和新需要,武器装备试验环境发生了相应变化,试验对象由作战单元到武器系统再到作战体系,试验空间环境由理想环境到复杂对抗环境,试验装备由单纯实装到虚拟、半实物和实装相结合,试验区域由单一靶场到多靶场联合。这就迫切要求靶场满足以下三个需求:①联合试验需求,打破地域限制,发挥各靶场技术保障和专业优势,整合试验资源,在指挥控制、资源保障、技术协调等方面密切配合,快速构建满足试验任务需求的试验环境;②虚实结合需求,将内场数字仿真、半实物仿真与外场实装有效结合,实现内外场试验资源的相互补充,解决外场试验无法组织的边界和极限条件下的试验鉴定,破解单纯依靠实装构设联合试验环境费用高昂的矛盾;③资源共享重组需求,通过统筹规划建设,实现内场仿真资源、数据资源、软件资源的充分共享,外场实装资源的统一调度,有效避免重复建设。

利用试验仿真系统获取大量的验前信息,可以减少对现场试验信息的需求,有效提高航天装备定型试验鉴定的费效比。这一结论是建立在仿真试验数据的高可信度之上。因此,必须进一步做好仿真系统的建模工作。一是要加强飞行试验的规律研究,提高模型的精确度,进一步减小或消除系统误差;二是要在加强实验环境研究的同时, 做好仿真模型的校核、验证和确认, 即 VV&A(Verification、Validation and Accreditation)。通过技术革新与创新,不断提高仿真信息的可信度。

支持 LVC 互操作的分布式联合仿真支撑平台成为实现联合试验与训练的关键。实况仿真(Live Simulation)是指真实的人员在虚拟环境下操作真实的设备和系统,如嵌入式仿真系统;虚拟仿真(Virtual Simulation)是指真实的人员操作虚拟的设备和系统,如时示模拟器、坦克驾驶模拟器、舰艇操纵模拟器;构造仿真(Constructive Simulation)是指虚拟的人员操作虚拟的设备和系统,如计算机生成兵力系统、虚拟战场。LVC 仿真是指在仿真系统中同时具有实况仿真、虚拟仿真、构造仿真等三种类型的仿真。

分布式联合仿真支撑平台为 LVC 仿真系统的集成提供公共的支撑,重点在于实现仿真互操作性、可重用性和可组合型,核心技术包括技术体系结构、业务模型、标准规范和支撑软件,可以支持武器系统设计与研制、异地多兵种联合仿真试验、一体化虚拟联合试验训练等多个应用领域。

6.3.2　LVC 仿真试验鉴定方法在联合试验环境中的应用

联合试验环境由资源层(LVC 资源层)、中间件层、基础平台服务层和应用层构成。

资源层是完成试验任务的基础设施和基础数据,涵盖靶场内外部的 LVC 资源,包括数据资源、基础资源、实装资源、半实物资源以及仿真资源等。数据资源主要包括资源仓库和数据档案库,其中资源仓库存放靶场资源的对象模型、组件模型和靶场实用工具等,数据档案库存放试验方案、试验数据和试验结果等。基础资源主要包括传输网络、时空基准等,传输网络是由国防干线网络、自建网络以及租用民用网络构建的可信可靠信息传输网络,通过高性能加密安全机制,统一规划 IP 地址,实施网络性能实时动态监测,支持联合试验任务。

中间件层也是交互服务层,以面向服务模式向基础平台服务层提供标准访问接口,实现可互操作的、实时的、面向对象的分布式系统应用的建立,支持应用层软件快速高效集成及系统运行。中间件层具备在保证安全的条件下实现信息传输的能力,采用基于对象模型的信息传输模式,在靶场各试验系统运行过程中,靶场资源之间的所有通信都依据对象模型定义实现资源间的互操作。中间件层采用基于发布/订阅的数据交换机制,并支持以动态加载模式扩展的远程资源访问接口。中间件层以标准 API 模式向应用系统提供基本服务,主要包括对象管理服务、数据分发服务、运行管理服务、所有权管理服务、时间管理服务、数据分发管理服务、安全管理服务以及其他支持服务。

基础平台服务层主要通过工具软件,为试验系统创建、集成、部署、运行监控、数据管理等提供相应的服务,服务主要包括对象模型构建、资源封装、资源仓库管理、数据采集与回放、数据档案管理、数据分析与处理、任务规划、任务资源调度、加载/下载、运行显示、异构系统交互以及在线监测等。基础平台服务层支持组装式和编译式的任务系统构建与运行过程。

应用层主要面向用户,依托基础平台服务层提供的服务接口和中间件功能,实现任务系统的构建、任务过程展现、信息交互、信息获取与应用、资源访问与应用,支持各类数据处理,支撑各类试验任务。

6.3.3 仿真一体化体系的发展趋势

近年来,各种新的军事思想和作战概念不断涌现,特别陆、海、空、天、电一体化联合作战概念的形成,对武器装备的研制、试验和部队训练和采办提出了更高的要求。

为了提高联合作战能力,需要按实战要求、在联合作战环境下进行试验训练。但是在以往,大都按军兵种和武器发展的需要,"烟囱式"地独立建设不同用途的试验训练靶场和设施,这种以军种和武器为中心的传统靶场试验训练模式,难以适应目前以信息系统为中心、以联合作战为特征的试验训练的需要。特别是现代联合作战的规模和形式超出了单兵种和单个靶场的覆盖范围,必须联结多个仿真设施和靶场,通过资源共享进行虚拟联合试验训练。

为了使所研制的仿真系统能够根据不同的阶段重组其系统组成,把虚拟仿真、构造仿真和实况仿真三种类型的仿真设备或系统构建成 LVC 仿真系统,实现建模与仿真的互操作、可重用和可组合,使仿真又快又好地服务于装备的系统论证、方案设计、关键技术验证、系统集成试验和系统训练,不应再只针对试验与训练领域开展体系结构研究,而应研究适合 LVC 仿真的一体化体系结构技术,主要包括以下内容。

①LVC 仿真基本对象模型研究:形成覆盖仿真、试验、训练等方面的元数据、概念模型、基本接口对象模型和基本功能模型库,为 LVC 仿真提供可重用和可组合的基础资源库。

②LVC 仿真通用中间件研究:建立能够满足 LVC 仿真运行环境、通信机制、时间管理、位置外推等需求的运行基础设施,为 LVC 仿真系统的运行提供互操作支撑平台。

③LVC 一体化集成平台研究:建立能够集成基本对象模型设计与管理、仿真成员的

设计与管理、仿真系统的设计与管理的软件工具集,为 LVC 仿真提供可视化的、能够自动生成仿真应用程序代码的环境。

6.4　多种新技术综合应用的评估技术

随着以计算机、网络为代表的信息技术迅猛发展,世界新军事深入变革,战争形态加速向信息化战争演变,世界军事强国在预警探测、指挥控制、通信联络、战场管理等领域积极创新、变革,实现了信息采集、融合、处理、传输、显示的网络化、自动化与实时化,实现了不同装备之间的互联、互通、互操作与体系化运用,航天装备发展的信息化、体系化、无人化和自主化趋势日渐明显。

信息化改变了航天装备战斗力生成模式。当前,信息系统已广泛渗透航天装备试验训练的各个领域,使态势感知更加准确,指挥控制更加灵敏,部队机动更加迅速,信息流控制物质流的能力大大增强,从而形成了由信息发挥主导作用的网络化体系结构,为航天装备一体化联合作战能力的提升提供了重要依托和基础。

信息化条件下,从海量数据中快速挖掘出有价值的情报信息。这有助于科学决策和指挥实施,也与信息时代强调信息主导的理念相一致。在数据使用的时效性上,强调即时性与累积性的统一,注重即时数据的采集运用与累计数据的趋势分析;在数据使用的全面性上,强调相关性与孤立性的统一,注重相关性的关联分析与孤立点的异常分析;在数据使用的融合性上,强调多源性与同步性的统一,注重多源的数据融合与高效的数据同步。借鉴大数据、云计算等技术手段采集、存储、分析、预测和评估,使航天装备试验鉴定工作更加科学、规范、高效,不断提升航天装备的实战适用性和高可靠性。

6.4.1　多源数据融合提高航天装备评估的可信度

在大数据时代,海量多源数据广泛存在,怎样通过多源数据间的互补学习来挖掘数据中隐藏的巨大价值,是现阶段大数据研究关注的主要问题,也是大数据与传统数据学习任务的主要区别。数据融合方法是多源数据分析与挖掘的重要手段。

随着时训任务与试训规模的不断扩大,航天试训准备和实施阶段需要产生大量过程数据作为支撑。但当前数据处理系统存在多源异构海量信息采集接入压力大、存储资源紧张、处理效率低下、分发逻辑复杂、信息孤岛林立及数据产出受限等问题,在一定程度上影响了试训效率与效果。因此,必须建立与不同试验训练信息系统之间的协同关系,引接指挥控制、情报支援、测控导航等信息,并大幅度提高数据的实时处理效率和存储能力,为数据生产服务。

数据融合不仅针对信息源特征进行分析,处理不确定性问题,还可以根据信息需求者的背景和所处的情景进行调整,是建立人—机—环境的基础。数据融合的核心问题是选择合适的融合算法,对信息融合方法的基本要求是具有鲁棒性、并行处理能力、方法的运算速度和精度以及接口和协调能力等。

现阶段,航天装备试验数据评估、数据分析等工作正需要利用多源数据融合方面的研究成果,提升试验数据的有效利用,充分发挥数据的价值。对多源验前信息进行融合前,首先要解决的是如何对不同手段获得的试验数据进行描述的问题。为此引入可信度对试验手段的能力属性进行描述。以现场试验数据为标准,根据其他试验数据与其吻合的程度来定义可信度。

6.4.2 大数据技术挖掘航天装备建设和运用特点规律

目前试验数据采集、存储、处理、应用等环节管理还不够系统,试验数据采集、传输、处理与共享技术落后,大量试验数据存在碎片化,分散使用,难以共享。来自陆、海、空、天、电等多维空间的试验数据种类多、数量大、更新频繁、结构异化,用于结构化数据的分析方法获取情报的工作模式无法继续适用,信息处理逐渐成为制约信息流转的瓶颈。

大数据强调对即时数据的深度挖掘,以数据驱动为核心,开发各类数据清洗、应用工具,自动、快速地将海量数据进行分类、整理、提取和反馈,重点关注从"海量即时数据"中挖掘高价值的军事情报,有效解决了"数据太多、知识不足"的问题。因此,航天装备试验鉴定数据的分析与利用要充分结合当今大数据技术,深度挖掘试验鉴定数据信息潜在价值,更好地服务于航天装备的建设,并运用到实战化作战体系中。

航天装备数据挖掘工作主要包括数据采存、关联挖掘和交换共享三项内容。

(1)数据采存

针对采存管理工作需求,按照应采尽采的原则制订数据采集清单和采集要求,开展飞行测量数据,航天器在轨数据,大型地面试验数据,产品测试与检测数据的在线采集、数字化处理、网络化传输以及历史数据的数字化加工等数据采集处理工作。同时,将航天装备试验鉴定数据及相关的试验信息、影像、结果分析等进行关联化入库,形成数据资源库和数据名录。

(2)关联挖掘

针对航天装备试验鉴定数据关联挖掘需求,研究多维关联规律、故障模式识别等关联挖掘关键技术,构建航天装备的多维关联模型,多维数据关联关系图谱,形成航天试验鉴定数据知识库。同时在关联挖掘工作的基础上,对航天装备全寿命周期数据进行关联挖掘,形成规范化的数据产品,全面支撑航天装备设计优化、性能挖潜等工作,以及作战效能、作战适用性、体系适用性和在役适用性的评定。

(3) 交换共享

交换共享通过建立航天装备试验鉴定数据交换共享机制,促进数据流通,按照航天装备试验鉴定数据交换共享的程序和要求,规范航天装备试验鉴定数据交换的程序和接口,实现结果层数据共享,部分扩展到模型和分析数据,支撑航天装备实战化数据保障能力提升;同时通过航天装备试验鉴定数据供需管理平台,获取航天装备作战试验鉴定和在役考核等方面的数据,提升航天装备质量可靠性水平。

航天装备数据挖掘技术通过科学常态的采存管理模式与关联挖掘方式,形成规范高效的数据交换共享机制,促进航天装备试验数据增值增效,支持装备与过程建模,支持数据价值挖掘,支持准确科学的鉴定评估,提高实战化数据保障能力,为服务部队战斗力生成提供支撑保障。

6.4.3　云计算技术支持航天装备的快速评估

云计算技术作为下一代信息、技术的核心应用之一,它是并行计算和分布式计算的延伸,通过将计算任务分布在大量 IT 资源(如网络、服务器、存储、应用程序和服务)构成的统一资源平台上,可依据用户业务需求动态灵活地进行资源配置,为用户提供计算和存储能力等服务。目前对于云计算的分类,按照服务的层次可划分为:基础设施作为服务(IaaS,Infrastructure as a Service)、平台作为服务(PaaS,Platform as a Service)和软件作为服务(SaaS,Software as a Service)。三种类型的基础云平台架构分别通过对用户提供硬件设施、平台或者软件作为服务,各云服务模式都通过某种程度上的资源抽象,来降低用户构建和部署系统的复杂性。按照归属,又可划分为公有云、私有云和混合云三类,其中公有云一般由 ISP 创建,而向组织或群体提供公共服务;私有云是自身构建,用于内部使用的云服务;若同时采用上述两种云服务,即属于混合云模式。

云计算平台依次向用户提供从面向通用到面向专用的系列服务,具有服务自助性、访问泛在性、位置无关性、资源高弹性和能力度量性等技术特征和应用优势,为航天试验鉴定信息系统在体系架构扩展、系统资源共享、任务能力生成、运行模式优化等方面提供了发展契机。

随着军事现代化技术的发展,数据规模的不断增加,可扩展性与高可靠性的数据服务成为关键,需要对战场的实时数据具有强大的信息收集与分析能力。而原有的计算平台由于其局限性并不能实现计算服务的弹性扩展。同时,由于传统关系数据库的性能限制,对于海量实时数据的收集处理存在一定瓶颈。云计算拥有强大的计算能力,为获取信息优势提供有力保障,它的高可靠性与安全性,提高了航天信息系统的鲁棒性与生存能力。

航天装备信息云网络架构由上至下共分为 5 个层次结构,包括用户、会话层、软件服务层、平台服务层、基础设施层,每一层具有其独立的功能特点,同时与其他层级进行联系和交互。用户主要指航天装备信息云网络的使用者,包括各类作战单位、指挥所、军事应用终端等;会话层主要完成与用户之间的服务交互,基于用户需求下达功能指令,如作战指挥、雷达探测、卫星通信、信息管理等,起到了窗口作用;软件服务层为用户提供种类繁多的软件应用服务,如图像处理、网络通信、存储及传输等,对应了软件即服务(SaaS)的云计算服务类型;平台服务层主要为用户提供平台服务,同时对整个云平台架构的服务及资源运行进行管理、调度及监听等,是整个信息云网络架构的核心所在,对应了平台即服务(PaaS)的云计算服务类型;基础设施层作为整个网络架构的基础,包括所有实体硬件资源,对应了基础设施即服务(IaaS)的云计算服务类型。

通过将各个系统统一部署在云平台上,实现资源共享,有效减少航天信息化建设的成本,加速实现航天现代化进程。云计算技术可支持航天装备的试验、评估、仿真等工作,实现各作战平台间的互联互通、协同作战、联合支援、试验评估,通过加强云计算技术的广泛推广与应用,进而支撑航天装备试验鉴定工作的高效实施。

6.5 软件密集型航天装备特征下的试验趋势

随着计算机技术在军事领域的广泛应用,C4ISR 系统、航天装备等众多信息化武器装备已开始大量装备部队,而软件密集型装备作为信息化武器系统中的一个重要组成部分,对装备的研制发展、任务完成起着越来越关键的作用。软件密集型装备(Software-intensive systems,SIS)是在装备的功能特性、研制费用、研制风险及研制时间等一个或多个方面,软件占主导地位的装备系统。也可以认为,这是一种在世界新军事变革下产生的以软件为内核,嵌入信息技术的装备系统。

6.5.1 软件密集型航天装备特征下开展信息化评估

近年来,航天装备应用软件的规模和复杂程度快速增大,航天装备复杂软件的特点表现在以下三个方面。

①软件内部的逻辑复杂度限制提升。传统软件代码行数少、模块化不明显,软件各部件之间交互较少,而复杂软件的代码量大幅增加,模块化日益明显,模块数量和交互

程度随之上升。复杂软件各部件具有越来越高的自治性,基于网络的复杂软件需要采用更复杂的方式实现数据流和工作流的传递与各部件之间的协同。

②软硬件交互更加频繁。复杂软件运行所依赖的硬件与环境资源更加复杂,与外界交互更加频繁。如全球信息栅格系统,需要依靠传感器收集外部信息实现对自身某些功能的调整,硬件与环境不再是单纯的外部因素,而是成为软件系统的有机组成部分,软件、硬件和环境交互失败甚至会导致软件失效。

③软件必须持续更新升级。复杂软件的功能作用复杂多样,在软件的整个寿命周期中,软件的功能需求和运行环境都会不断发生变化,这就要求软件必须不断更新升级以适应变化的需求和外部环境。

在软件密集型航天装备特征下开展信息化评估的优势体现在以下三个方面。

①可在航天装备全寿命早期阶段发现缺陷。通过信息化评估技术,有利于让技术人员了解设计决策和系统交互对软件可信性的影响,更快地发现缺陷并进行预防。

②可有效避免集成后的交互故障。开展信息化评估技术,让技术人员对航天装备的硬件模块与软件模块的交互活动进行详细分析,从而避免不可预料的交互故障。

③使评估更加准确高效。通过信息化评估手段,技术人员可以深入航天装备全寿命周期的各个阶段,获取航天装备本身及试验鉴定过程的详细信息。这样可有效减少工作量,避免重复的分析评估。

6.5.2　软件定义网络技术支持航天装备试验资源有效整合控制

软件定义是指在硬件资源数字化、标准化的基础上,通过软件编程实现虚拟化、灵活化、多样化和定制化的功能,对外提供专用智能化、定制化的服务,实现应用软件与硬件的深度融合。软件定义具有三大特点,即:硬件资源虚拟化、系统软件平台化、应用软件多样化。硬件资源虚拟化是指将各种实体硬件资源抽象化,打破其物理形态的不可分割性,以便通过灵活重组、重用发挥其最大效能。系统软件平台化通过基础软件对硬件资源进行统一管控、按需配置与分配,并通过标准化的编程接口解除上层应用软件和底层硬件资源之间的紧耦合关系。应用软件多样化在平台化系统软件解决方案的基础上使应用软件不受硬件资源的约束,整个系统将实现更多的功能,对外提供更为高效的和多样化的服务。近年来,从软件定义无线电、软件定义网络,到软件定义数据中心和软件定义信息系统,软件定义易于复用、成本较低、灵活方便,能更好地满足应用场景需求。

软件定义网络 SDN 是由美国斯坦福大学 Clean Slate 项目组提出的一种新型网络创新架构,旨在通过可编程方式对网络进行灵活控制与管理。SDN 设计思想是分离网络设备的控制平面和数据平面,实现网络状态的集中化控制,以及支持网络功能的软件编程。SDN 架构分为以下三层。

①基础设施层,又称为数据转发层,由网络的底层转发设备组成,负责基于业务流表(table)的数据处理、转发和状态收集,根据控制层下发的指令,对数据进行转发。

②控制层,又称为网络操作系统(NOS),具体负责处理转发平面资源的抽象信息、网络拓扑维护和状态信息监控,可通过基于应用的控制调用不同转发资源等。控制层有控制软件实现,摆脱了硬件设备对网络控制功能的束缚,主要负责集中维护网络拓扑及网络状态信息,实现不同业务特性的适配。利用控制数据平面接口,控制层可以对底层网络设备的资源进行抽象,获取底层网络设备信息,生成全局的网络抽象视图,并通过 API 接口提供给上层应用。其结果是,对于上层应用程序来说,网络呈现为一个单一的逻辑开关。通过这种软件模式,网络管理人员可以灵活配置、管理和优化网络资源,实现了网络的可编程及灵活可控。

③应用层包括各类不同业务应用,主要负责管理和控制网络对应用转发/处理的策略,并支持对网络属性的配置,提升网络利用率、支持安全及 QoS 的控制。应用层能够根据不同的网络应用需求,进而调用与控制层相连的应用编程接口(API),完成不同应用程序的功能。利用 API 接口,业务应用可以充分利用网络的服务和能力,并在一个抽象的网络上进行操作,常见的网络服务,包括路由、组播、安全、访问控制、带宽管理、流量工程,量身定制以满足业务目标。

SDN 技术适用于军用网络,但在航天装备网络中全面部署为时尚早。可以通过预先研究或试验验证展示 SDN 的技术优势和部分能力,为今后军用网络发展提供良好的依据和环境。以下简要分析现阶段 SDN 技术在未来航天装备网络中的应用研究和运用 SDN 技术的几个应用场合。

① SDN 网络靶场。网络靶场是用于进行大规模网络试验的演示验证环境,能对网络各方面指标进行监测与统计。通过 Mininet 虚拟化平台进行虚拟网络定义,并集成虚拟交换机(OVS)和 SDN 控制器 Floodlight,从而支持 SDN 网络构建。在 Floodlight 上开发的应用能够在网络靶场环境下进行测试,实现对 SDN 技术的设置、分析与开发。

② 私有网络。航天装备网络中有许多与外界隔离的私有网络,随着这些网络规模的逐渐扩大,网络设备种类繁多、应用结构复杂和接口方式多样等特点,均给网络设计与维护带来巨大挑战。SDN 技术为解决上述问题带来了新思路,从而使私有网络的形态发生了改变,减少了硬件设备类型,网络地址转换(NAT)和防火墙等网络专用应用设备演变成各类软件应用,并简化了接入方式和应用种类。

③ 军用服务中心。服务中心在航天装备网络中起着至关重要的作用,是航天装备

网络中各类应用的主要提供者。然而,随着原始信息数据量的增大和应用实时性要求的提升,服务中心逐渐趋向于采用云计算和大数据等技术进行构建,从而导致服务中心内部和各服务中心之间的流量激增,限制了服务中心规模和服务质量。SDN 技术用于对服务中心内以及服务中心间的网络进行网络虚拟化、流量优化和动态适配计算/存储等资源的动态迁移,充分发挥了服务中心的潜能。因此,在云计算和大数据等先进技术研究过程中可将 SDN 作为基础网络设施,以提高整个系统的运行能力。

6.5.3　软件定义卫星推动航天装备向智能化发展

软件定义卫星主要通过对功能模块、载荷、数据处理、网络通信等软件进行更新或重设,使卫星上各类传感器和计算单元之间兼容互通。换句话说,软件定义卫星好比一台运行在太空的开放型智能计算机,人人都可通过编程,让卫星"为我所用"。发展软件定义卫星,将进一步建立开放性的卫星平台,解锁传统卫星上软硬件之间的紧耦合关系,推动星载软件升级,让用户可以接近卫星、访问卫星、使用卫星。除用户可注入软件并查询卫星状态外,软件定义卫星还具备智能目标检测识别、智能云判读、智能姿态控制等执行智能化任务的能力。此项技术一旦推广应用,不仅能有力提升卫星对载荷的适配能力和对软件的兼容性,还能打造出高速信息传输、存储、处理和灵活应用的"太空多面手",为智能化军事应用提供广阔的发展前景。软件定义卫星能为用户提供高速通信、精确导航、态势感知和空间授时服务等,借助软件定义卫星,可以快速获取卫星图像,掌握战场态势。

未来,随着软件定义卫星技术的发展,可通过软件定义的方式实现多种功能的"软件星",如多频段卫星通信、卫星导航、雷达成像侦察,甚至针对雷达/通信信号的电子侦察或电子对抗,可达到一星多能、一星多用的目的。同时软件定义卫星技术可极大提升卫星有效载荷的灵活性。一方面,改变传统地球静止轨道卫星在工作期内无法及时更新通信技术的劣势。另一方面,软件定义卫星将改变目前的卫星制造模式,研制生产范围可按照一定的规格实现卫星的批量制造和预先制造,用户可在卫星发射入轨后进行能力配置,从而缩短卫星研制周期和降低研制成本。同时用户也可根据业务需要和卫星的健康状态,最大程度地利用卫星能力,实现卫星制造商和用户的"双赢"。

参考文献

［1］王兆耀. 军事航天技术及其发展［J］. 航天器工程, 2008,17（2）:12-17.

［2］汪新,李飞. 试验鉴定研究中若干问题探讨［J］. 装备学院学报, 2017,28（2）:84-87.

［3］曹裕华,孟礼. 典型航天装备试验鉴定总体策略研究［J］. 国防科技, 2020,41（5）:59-66

［4］李远哲,付昭旺,易兵,等.陆军装备同步筹划试验鉴定研究［J］.火力与指挥控制, 2019,44（07）:162-166.

［5］周波,孔德培,王雷钢,等.美国电子信息装备体系对抗效能评估［J］.航天电抗, 2019,35（05）:20-23.

［6］王保顺.航天装备试验鉴定人才培养转型发展的思考［J］.继续教育, 2017,31（02）:25-27.

［7］庄国京,杜刚,韩天龙.航天产品工程实践的思考［J］.质量与可靠性,2016（02）:11-14+18.

［8］王萍. 2017 年美空军武器装备试验鉴定能力发展综述［N］. 中国航空报,2018-05-08（005）.

［9］周思卓,刘宝平,彭洪江,等.美军航天装备试验鉴定体系发展现状研究［J］.装备学院学报, 2016,27（06）:65-68.

［10］金前程,姜江,杨克巍.美军试验鉴定技术发展研究［J］.国防科技, 2019,40（03）:51-59.

［11］TanLi Mengqing,Zhang Ying,Wang Yulin,et al. Grey-Box Technique of Software Integration Testing Based on Message［J］. Journal of Physics:Conference Series, 2021.

［12］闫培峰. 卫星移动通信网 TDMA 协议仿真研究［D］.西安:西安工业大学,2013.

［13］鹿国华,范宇,杨鹏,等.航天装备试验鉴定体系建设分析与研究［J］.中国航天, 2019（02）:37-41.

[14] 孟庆均,郭齐胜,曹玉坤,等.装备在役考核评估指标体系[J].装甲兵工程学院学报, 2018,32(01):18-24.

[15] 杜红梅,柯宏发.装备作战能力与作战效能之内涵分析[J].兵工自动化,2015,34(04):23-27.

[16] 王涛,孙治国,范静.卫星移动通信系统试验鉴定的实践与思考[J].航天器环境工程, 2019,36(03):301-306.

[17] Department of Defence. Test and evaluation policy [M]. Washington D.C.: Headquarters Department of the Army. 2006.

[18] 中国国防科技信息中心.世界国防科技年度发展报告(2016)试验鉴定领域发展报告[M]. 北京:国防工业出版社,2017.

[19] 军事科学院军事科学信息研究中心.世界国防科技年度发展报告(2017)试验鉴定领域发展报告[M].北京:国防工业出版社,2018.

[20] 军事科学院军事科学信息研究中心.世界国防科技年度发展报告(2018)试验鉴定领域发展报告[M].北京:国防工业出版社,2019.

[21] 国防大学科研部.军事变革中的新概念:解读200条新军事术语.北京:解放军出版社. 2004.11.26

[22] Alekseev V. A., Sorokin A. E., Kudryavtseva N. S., et al. Thermal Testing of Spacecraft Radioelectronic Equipment Operating in Brief Communication Sessions [J]. Russian Engineering Research,2021.

[23] 张宝珍.综合试验与评价策略及其在美军武器装备研制中的应用[J].测控技术, 2007(03):8-10.

[24] 杨廷梧.五维空间一体化试验体系的发展与思考[J].飞行力学,2016, 34(5):1-6.

[25] 梁恺.现代航空试验及其测控技术正向集成化发展[J].测控技术,1997(02):1-3.

[26] 何磊,张天姣,钱炜祺,等.一体化试验评估在美国飞行器研制中的应用[J].空气动力学学报,2020,38(03):461-469.

[27] 白舸, 张代平, 王磊. 美国国防采办程序调整改革评析[J]. 军事经济研究, 2016(1): 77-80.

[28] Sergey A. ASTAKHOV, Vasiliy I. BIRYUKOV. Buckling under the action of loading by aerodynamic and inertial forces during ground track tests of aviation equipment[J]. INCAS BULLETIN,2021.

［29］雷帅,丁士民.基于一体化试验鉴定发展的试验鉴定发展规律［J］.国防科技,2011,32(4):36-39.

［30］刘彦国,王凯,蒲玮,等.开展陆军装备一体化联合试验的几点思考［J］.价值工程,2020.

［31］杨春周,王曼曼.航天装备一体化试验模式创新构想探讨［J］.计算机测量与控制,2021,29(08):238-244.

［32］洛刚,黄彦昌,康丽华,等.关于推进我军装备一体化试验的思考［J］.装备学院学报,2015,26(04):120-124.

［33］杜彦昌,曹金霞.美军装备"定型"阶段试验与鉴定工作探讨［J］.装备指挥技术学院学报,2009,20(05):32-36.

［34］宋敬华,赵亮,阳仁奇.武器装备作战效能试验研究［J］.计算机测量与控制,2012,20(07):1928-1930.

［35］Ma Xiaofang,Ding Haili,Zhou Yuanfeng,et al. Development and Research of Intelligent Testing Information System for Full Performance Test of Metrology Equipment［J］. Journal of Physics:Conference Series,2021.

［36］朱文振,叶豪杰,王昊.水中兵器一体化试验总体设计探讨［J］.计算机测量与控制,2017,25(10):285-288.

［37］王国盛,洛刚.美军一体化试验鉴定分析及启示［J］.装备指挥技术学院学报,2010,21(02):95-98.

［38］韩戈白,闫龙,田振兴,等.美军装备信息化建设管理研究及我国空军装备业务信息化建设思考［J］.信息化研究,2019,45(05):1-6.

［39］刘党辉.卫星在役考核相关问题研究［J］.国防科技,2017,38(06):46-51.

［40］刘启超. 装备作战试验的中期作战评估问题研究［J］. 价值工程, 2019(26).

［41］王亮.武器装备作战试验鉴定使命指标构建方法研究［J］.装备学院学报,2015,26(06):109-113.

［42］杨晨光,贾贞,刘志.基于联合使命线程的装备作战效能度量指标构建［J］.指挥控制与仿真,2019,41(04):85-90.

［43］杨俊岭,曹金霞,梁晋平,等.美军空间系统在轨试验问题综合研究［J］.飞行器测控学报,2011,30(04):1-5.

［44］卜广志. 武器装备体系的体系结构与体系效能［J］. 系统工程与电子技术,2006(10):86-90.

［45］罗小明,朱延雷,何榕.基于SEM的武器装备作战体系贡献度评估方法［J］.装

备学院学报，2015，26（05）：1-6.

［46］Smirnov K，Nazarov A，Ulyahin A. Methods for designing electrical equipment for testing VLSI used in aviation digital information systems［J］. Journal of Physics：Conference Series，2021.

［47］柯宏发，赵继广，祝冀鲁.基于矩阵序列的武器装备作战效能评估模型［J］.装备学院学报，2016，27（05）：107-112.

［48］宋奕辰，徐小涛，宋文婷.国内外卫星移动通信系统发展现状综述［J］.电信快报，2019（08）：37-41.

［49］孙万，刘燕洁，文献忠，等.航天技术验证试验任务综合评估研究［J］.装备学院学报，2013，24（5）：102-106

［50］吴金美，凌晓冬.航天器项目试验评估新方法［J］.电讯技术，2016，56（3）：273-277.

［51］Wang Jingjing，Wang Xiaoyang. COVID-19 and financial market efficiency：Evidence from an entropy-based analysis.［J］. Finance research letters，2021.

［52］杨继坤，谢德光.海军武器装备作战试验规划与实施问题探究［J］.装备学院学报，2016，27（2）：123-128.

［53］吕永刚，罗光华.装备飞行试验模式现状与发展［J］.国防科技，2016，37（01）：100-105.

［54］陆国通，李加祥，王严辉.舰艇作战指挥决策模型可信度评估流程分析［J］.指挥控制与仿真，2016，38（05）：36-40.

［55］张继平.学科评估服务"双一流"建设：元评估的现实困境与路径选择［J］.现代教育管理，2020（12）：63-71.

［56］Tran Tien Anh. RETRACTED：Optimization of the energy efficiency operational indicator for M/V NSU JUSTICE 250，000 DWT by grey relational analysis method in Vietnam［J］. Proceedings of the Institution of Mechanical Engineers，Part M：Journal of Engineering for the Maritime Environment，2021.

［57］范云龙，俞志强，蒋伟.武器装备贡献度分析［J］.舰船电子对抗，2017，40（05）：48-51.

［58］胡晓峰，杨镜宇，吴琳，等.武器装备体系能力需求论证及探索性仿真分析实验［J］.系统仿真学报，2008，20（12）：3065-3069.

［59］丁海波.基于体系对抗的导弹武器系统效能评估［D］.沈阳：东北大学，2014.

［60］初剑锋.基于云模型的炮兵旅指挥信息系统效能评估研究［D］.长沙：国防科

学技术大学, 2010.

[61] 于国权. 激光角度欺骗干扰半实物仿真系统研究[D]. 北京:中国科学院, 2013.

[62] C4ISR Architecture Working Group. C4ISR Architecture Framework Version 1.0 [R]. U.S.: Department of Defense, 1996.

[63] 张晓东,许丹丹,王良,等.基于复杂系统理论的平行城市模型架构与计算方法 [J].指挥与控制学报,2021,7(01):28-37.9.

[64] 吕宜生,陈圆圆,金峻臣,等.平行交通:虚实互动的智能交通管理与控制[J]. 智能科学与技术学报,2019,1(01):21-33.

[65] C4ISR Architecture Working Group. C4ISR Architecture Framework Version 2.0 [R]. U.S.: Department of Defense, 1997:23-25.

[66] 孙伟卿,郑钰琦.能源5.0:迈入虚实互动的平行化时代[J].自动化仪表,2020, 41(01):1-9.

[67] 范丽,杨雪榕. 航天发射试验平行管理[A]. 中国管理现代化研究会、复旦管理学奖励基金会.第七届(2012)中国管理学年会平行管理分会场论文集(选编)[C].中国管理现代化研究会、复旦管理学奖励基金会:中国管理现代化研究会,2012:7.

[68] 杨俊,范丽,明德祥,等.卫星导航地面试验验证的平行系统方法[J].宇航学报, 2015,36(02):165-172.

[69] 程健庆. 军用系统建模与仿真技术发展与展望[J]. 指挥控制与仿真, 2007, 29(04):1-8.

[70] 张晓东,许丹丹,王良,等.基于复杂系统理论的平行城市模型架构与计算方法 [J].指挥与控制学报,2021,7(01):28-37.

[71] 杨雪榕,范丽,王兆魁. 武器装备体系平行试验概念与方法的讨论[A]. 中国指挥与控制学会.2013第一届中国指挥控制大会论文集[C].中国指挥与控制学会:中国指挥与控制学会, 2013:5.

[72] 周守荣,程军田,袁晓利,等.雷达情报系统作战效能模糊综合评估[J].空军雷达学院学报, 2007(02):92-94.

[73] Fu Yu,Zheng Youzhuo,Hao Shuqing,et al. Research on Comprehensive Decision-Making of Distribution Automation Equipment Testing Results Based on Entropy Weight Method Combined with Grey Correlation Analysis[J]. Journal of Physics: Conference Series,2021.

[74] 尚娜,洛刚,王保顺,等.联合试验组织模式及程序方法探讨[J].装备学院学报, 2015,26(05):101-104.

[75] 谢宏,张亚,吴东.层次分析法在煤炭科技进步评价体系中的应用[J].华北科技学院学报, 2016,13(02):61-67.

[76] 郭凯,胡旖旎. 航天装备试验鉴定案例分析:天基红外系统[J].航天返回与遥感, 2021,42(02):5-10.

[77] 罗小明,池建军,周跃. 装备作战试验概念设计框架[J]. 装甲兵工程学院学报, 2012, 26(04):79-84.

[78] 柯肇捷,周文雅.基于灰自助和未确知有理数的小样本试验数据估计[J].兵工学报, 2019,40(04):874-879.

[79] Dellnitz Andreas. Big data efficiency analysis: Improved algorithms for data envelopment analysis involving large datasets[J]. Computers and Operations Research,2022.

[80] 崔志超,王俊豪,崔传峰,等.基于层次分析法和模糊数学相结合的甘肃东乡八丹沟泥石流易发性评价[J].中国地质灾害与防治学报,2020,31(01):44-50.

[81] 祝冀鲁,柯宏发. 航天装备作战试验与评估的几点认识[A]. 中国兵工学会、重庆市科学技术协会.OSEC首届兵器工程大会论文集[C].中国兵工学会、重庆市科学技术协会:兵器装备工程学报编辑部,2017:4.

[82] 杨磊,武小悦.美军装备一体化试验与评价技术发展[J].国防科技,2010,31(02):8-14.

[83] 汪建国.靶场导弹武器装备作战试验条件建设[J].国防科技,2016,37(01):114-118.

[84] 杨晓岚,陈曻,张翠侠,等. 基于LVC的试验鉴定支撑平台构建方法研究[A].中国指挥与控制学会.第六届中国指挥控制大会论文集(上册)[C].中国指挥与控制学会:中国指挥与控制学会,2018:3.

[85] 刘盛铭,冯书兴.新型空间平台开展航天试验的QFD需求分析[J].军事运筹与系统工程,2015,29(2):50-54

[86] 刘盛铭,冯书兴.基于模糊TOPSIS的新型空间平台航天试验效能评估[J].装备学院学报, 2016.

[87] Defense Acquisition University. Test and evaluation management guide [M]. 6th ed. Virginia:The Defense Acquisition University Press, 2012.

[88] Department of Defence. Test and evaluation policy [M]. Washington D.C.:Headquarters Department of the Army. 2006.

[89] 张昱,张明智,胡晓峰. 面向LVC训练的多系统互联技术综述[J].系统仿真学报, 2013, 25(11):2515-2520.

[90] 唐雪梅,周伯昭,李荣. 武器装备小子样综合试验设计与鉴定技术[J].战术导弹技术,2007(2):51-56.

[91] 王宇鹏,朱诗兵,李长青. 基于平行系统和机器学习的作战试验鉴定框架设计[J].指挥与控制学报,2022,8(3):311-317.

[92] 闫志强. 装备试验评估中的变动统计方法研究[D]. 长沙:国防科技大学,2010.

[93] 谢红卫,闫志强,蒋英杰,等. 装备试验评估中的变动统计问题与方法[J]. 宇航学报,2010,31(11):2427-2436.

[94] 李智生,李俊山,张军团,等. 贝叶斯融合方法在武器小子样试验中的应用[J]. 指挥控制与仿真,2006,28(3):64-67.

[95] 柯宏发,陈永光,李元左. 影响装备性能的电磁环境因素 GM(1,n)模型定量分析[J]. 北京理工大学学报,2012,32(5):546-550.

[96] 赵强. 雷达组网系统的目标数据融合方法研究[D]. 镇江:江苏科技大学,2009.

[97] 马骏,罗赓. 信息化条件下靶场试验任务针对性训练实战化问题研究[J]. 舰船电子工程,2016,36(12):23-25.

[98] 许雪梅. 分布式 LVC 联合试验环境构建[J]. 遥测遥控,2017,38(4):58-63.

[99] 赵靖,黄松华. 软件定义网络技术及其军事应用[J]. 指挥信息系统与技术,2016,7(2):73-77.